当代经济学系列丛书
Contemporary Economics Series

陈昕 主编

当代经济学译库

个人策略与社会结构

制度的演化理论

[美] H. 培顿·扬 著

王勇 译 韦森 审订

格致出版社
上海三联书店
上海人民出版社

主编的话

上世纪 80 年代，为了全面地、系统地反映当代经济学的全貌及其进程，总结与挖掘当代经济学已有的和潜在的成果，展示当代经济学新的发展方向，我们决定出版"当代经济学系列丛书"。

"当代经济学系列丛书"是大型的、高层次的、综合性的经济学术理论丛书。它包括三个子系列：（1）当代经济学文库；（2）当代经济学译库；（3）当代经济学教学参考书系。本丛书在学科领域方面，不仅着眼于各传统经济学科的新成果，更注重经济学前沿学科、边缘学科和综合学科的新成就；在选题的采择上，广泛联系海内外学者，努力开掘学术功力深厚、思想新颖独到、作品水平拔尖的著作。"文库"力求达到中国经济学界当前的最高水平；"译库"翻译当代经济学的名人名著；"教学参考书系"主要出版国内外著名高等院校最新的经济学通用教材。

20 多年过去了，本丛书先后出版了 200 多种著作，在很大程度上推动了中国经济学的现代化和国际标准化。这主要体现在两个方面：一是从研究范围、研究内容、研究方法、分析技术等方面完成了中国经济学从传统向现代的转轨；二是培养了整整一代青年经济学人，如今他们大都成长为中国第一线的经济学家，活跃在国内外的学术舞台上。

为了进一步推动中国经济学的发展，我们将继续引进翻译出版国际上经济学的最新研究成果，加强中国经济学家与世界各国经济学家之间的交流；同时，我们更鼓励中国经济学家创建自己的理论体系，在自主的理论框架内消化和吸收世界上最优秀的理论成果，并把它放到中国经济改革发展的实践中进行筛选和检验，进而寻找属于中国的又面向未来世界的经济制度和经济理论，使中国经济学真正立足于世界经济学之林。

我们渴望经济学家支持我们的追求；我们和经济学家一起瞻望中国经济学的未来。

陆昕

2014 年 1 月 1 日

译者的话

在当代经济学的博弈论惯例和制度分析以及演化博弈论的研究领域中，美国约翰·霍普金斯大学的H.培顿·扬（H. Peyton Young）教授是一位国际著名的经济学家，而呈现在读者面前的这部《个人策略与社会结构：制度的演化理论》，即是扬教授的代表作。纵观当代经济思想史，如果说美国经济学家 Andrew Schotter(1981)的《社会制度的经济理论》是博弈论制度分析史上的第一块里程碑的话，扬的这部《个人策略与社会结构》则是在博弈论惯例和制度分析这一研究"向量"上迄今所能见到的最重要、最系统亦可谓是最新和最高的成果。正是因为这部著作，扬教授在国际经济学界赢得了巨大的学术声誉，被国际经济学界公认为博弈论制度分析领域中的权威学者。

1945 年 H.培顿·扬教授生于美国伊利诺伊州的埃文斯顿（Evanston）。1966 年，他以优异的成绩获得哈佛大学一般研究学士学位，并于 1970 年获得密执安大学数学博士学位。后来，扬曾任教于纽约城市大学和马里兰大学。1994 年以来，扬任美国约翰·霍普金斯大学 Scott & Barbara Black 讲座教授，并从

1

1997年开始任布鲁金斯学会社会与经济动态研究中心高级研究员和中心主任。除了《理论与实践中的平等》(1994)、《个人策略与社会结构》(1998)和《公平提议》(与 M.L.Balinski 合著,2001)这三部学术专著外,作为世界计量经济学会的资深会员(fellow of Econometric Society),扬教授还主编了4部著作,并有数十篇学术论文在《美国经济评论》《计量经济学》等国际顶尖学术刊物上发表。

对扬教授的研究工作及其进展,笔者已关注多年了。在1997年澳洲教书期间,我曾读到他发表在1996年第2期《经济展望杂志》上的《惯例的经济学》一文,当时曾拍案叫绝。之后,我尽可能地收集扬教授已发表的论著,并在拙著(韦森,2001)《社会制序的经济分析导论》第6章"惯例的经济分析"中专门介绍了他的理论贡献(有兴趣的读者可参阅这一章,这对阅读本书并全面把握扬教授的整个理论进路,也许会有一定的引介作用)。1998年笔者回国执教复旦后,又在所讲授的比较经济学和制度经济学等课程中不断向我的学生介绍扬教授的理论工作。1999年再次赴澳工作期间,我在母校悉尼大学图书馆第一次借阅到扬教授的这部著作,并当即决定,回国后,一定要组织学生或同事把它翻译成中文。

2000年上半年回沪后,我曾给扬教授发了电子邮件,告诉他打算组织自己的学生把这部著作翻译成中文,随即得到了扬教授的热情支持。他还亲自与普林斯顿大学出版社联系,帮助商谈中文版权事宜。获得了扬教授的鼎力支持后,我随即在国内联系出版社。当时,曾有北京的一家出版社承诺出版本书,并开始与普林斯顿大学联系本书的版权事宜。中译本的出版有了眉目后,我就让1998年回国所教的第一个学生、当时在北京大学中国经济研究中心(CCER)读书的王勇翻译此书,自己则匆匆在2000年下半年到剑桥大学访学去了。

2001年上半年笔者从剑桥返沪后才发现,原来"人走茶凉":一部如此重要的学术著作的中译本出版计划,竟被那家国内出版社因某种原因"悬置"起来了。于是,从英伦回沪后,我立即联系了上海人民出版社。承蒙何元龙先生慧眼识金,并蒙陈昕先生鼎力支持,上海人民出版社很快从普林斯顿大学出版社获得了本书的版权。然而，在获得版权后，本书译者王勇却处在作硕士论文的最后阶段。不久，王勇又收到芝加哥大学经济系的经济学博士研究生候选人的录取通知书。在此情况下，王勇日夜伏案，冒着夏季的高温酷暑，终于在9月初于飞往美国之前把本书大部分译稿的文档交给了我。于是就有了现在的中译本。在王勇的翻译过程中，扬教授及门弟子美国约翰·霍普金斯大学经济系的博士张俊富先生曾阅读过本书的中文初译稿，并给予了大量热情的帮助。对此，我和译者王勇深表感谢。

目前，无论是在国际上还是在中国，经济学的制度分析均可谓红红火火。时下，在中国经济学界，可谓个个谈"交易费用"，人人讲"制度"。然而，当国内经济学界的同仁谈"制度"时，大多数人心目中可能只有罗纳德·科斯（Ronald Coase）、道格拉斯·诺思（Douglass North）、阿门·A.阿尔钦（Armen A. Alchian）、哈罗德·德姆塞茨（Harold Demsetz）、奥利弗·E.威廉姆森（Oliver E. Williamson）、约拉姆·巴泽尔（Yoram Barzel）和张五常等为代表的"新制度经济学派"（New Institutionalism）及其理论和学说。可能不少人到现在还不知道，20世纪70年代以来，在当代经济学的制度分析领域中还有另外两个流派，那就是以当代经济学的大师肯尼斯·阿罗（Kenneth Arrow）、弗兰克·哈恩（Frank Hahn）、于尔格·尼汉斯（Jürg Niehans）等一批当代新古典主流经济学家为代表的对一般均衡模型中交易费用可能位置的研究，以及以安德鲁·肖特（Andrew Schotter）、罗伯特·萨格登（Robert Sugden）、H.培顿·扬、阿夫纳·格雷夫（Avner Greif）、青木昌彦（Masahiko Aoki）、约翰·海萨尼（John Harsanyi）、肯·宾默尔（Ken Binmore）等为代表的博弈论习俗、惯例和制度的经济分析。对当代制度分析中这三大流派的基本思路，笔者（韦森，2003b）已在最近的一篇文章里作了粗略介绍，这里就不再重复了。我只想指出，从Schotter（1981）的那本《社会制度的经济理论》，到Young（1998）的这部《个人策略与社会结构》，可以说代表了博弈论习俗、惯例和制度分析的主流进路和理论进展。笔者并乐观地估计，这一研究"向量"在未来将会蓬勃发展，不但会有更多的理论文献出现，不断地把弗里德里希·冯·哈耶克（Friedrich von Hayek）深邃繁复的自发社会秩序理论程式化和规范化，而且会把当代制度分析中其他两个流派的理论成果吸纳进来，继而这一研究流派也许会成为未来国际上相关研究领域中的"主流"。

毋庸置疑，就目前来说，国际上经济学制度分析的"主流"还是以科斯和诺思为代表的新制度主义。实质上，这一流派的主要理论进路是充满着新古典主义主流学派的理论精神的，即从经济学审慎推理（prudential reasoning）的视角考察和反思种种社会建制和制度规则是如何被理性的经济行为人谋划、设计和建构出来，并在理性行为人追求个人利益最大化的理性计算中不断变迁的。按照新制度经济学的理论奠基人科斯教授的交易费用经济学的分析进路，生产建制结构的选择源于经济当事人对交易费用节约的理性计算；而对诺思教授来说，制度变迁（institutional change）则源于理性的政治和经济企业家为节约交易费用而诉诸的制度创新和变革的种种努力。很显然，无论是科斯、诺思，还是其他新制度经济学家，其隐含的基本方法论基础和理论假设还都是扬教授在本书第1章中所言的那种经济当事人是"超理性的"（hyper-rational），这就与1973年诺贝尔经济学奖得主之一哈耶克的基本理论进路有着实质上的差异。读过扬教授在本书开始所引的哈耶克在其著名的《知识在社会中的运用》一文中的那两段话，再反思一下以科斯和诺思为代表的新制度经济学的整个理论进路和方法论基础，读者自己也许就能辨识新制度经济学的理论进路与哈耶克自发社会秩序理论的异同。

理解了当代经济学中的新制度学派与哈耶克自发社会秩序理论的学理分析和理论洞识中的不同，也就自然能理解新近博弈论制度分析的理论进路与新制度学派在各自理论建构中的差异。因为，当代博弈论习俗、惯例和制度分析学者，无论是安德鲁·肖特、罗伯特·萨格登，还是H.培顿·扬，以及其他学者，他们大都公开标榜自己是哈耶克主义者，并把自己的博弈论——尤其是演化博弈论——习俗、惯例和制度分析的理论任务，确定为把哈耶克思想程式化，或者说用博弈论的理论工具来展示和证明哈耶克的思想和理论发现。从这一视角来说，国际上大多数演化博弈论社会经济理论学家被认为是哈耶克思想的当代诠释者，这应该没有什么问题。即使是演化博弈论经济学家们自己（包括扬）也在许多场合公开承认这一点。

　　对新制度主义经济学理论程式与演化博弈论的社会秩序的分析进路稍加比较，就会很容易发现，前者比较注重产权、契约和法律这些正式制度规则与市场的建制安排的建构与变迁的理论分析[①]，而后者则更加注重对个人习惯（usage，habituation）、习俗（custom，mores）、惯例（convention，practice）这些作为人们生活世界中的常规、社会秩序、非正式约束的自发生成机制的理论研究和模型阐释。这样一来，我们又不得不涉及对英语中（严格来说在以拉丁语为共同祖先的标准欧洲通语——即"Standard Average European"[②]——中所共有的）"institution"一词的理解及其在中文的对应翻译问题上来了。

　　许多读者可能已经注意到，在近些年的论著中，我一再指出，把标准欧洲通语中的"institution"翻译为中文"制度"是不合适的（见韦森，2001，2002，2003a，2003b）。因为，按照西方国家人们日常使用这个词的宽泛涵义来判断，尽管"institution"一词涵盖中文"制度"（且主要是指"制度"）的意思，但决不仅限于中文"制度"的涵义。正如本书第 1 章导言中 Young（1998，p. x）教授所指出的那样，按照英文 *Shorter Oxford English Dictionary*（相当于中文的《新华字典》）的界说，"institution"是指"an established law，custom，usage，practice，organization"（这个定义实际上取多卷本《牛津英语大辞典》诸多繁复定义中的一意）。这个解释最简单，一下子道出了这个英文词的最基本涵义。如果我们把这一定义拆解开来，并沿着词序从后往前看，就更能体悟出这一"大众使用法"之界说的精妙之处了。在这一界说中，"an established organization"很显然是指英语中"institution"的另外一重含义，即"组织、机构"的意思。依次往前，我们可以把它理解为一种惯例（practice）、一种习惯（usage）、一种习俗（custom）和一种法律（law）。按照《牛津英语大辞典》的界定，以及笔者在英语国家十几年的生活中对人们日常使用这个词的观察和体验,我觉得除了法律这种正式制度规则外,"institution"概念是应该包括人们的习惯、习俗和惯例的。但问题是,一旦把"usage"(习惯)、"custom"(习俗)、"practice"(惯行方式或惯例,这个英文词在西方人的实际使用中常常等价于另一个词"convention",而较少指马克思主义哲学中的"实践"概念)和"convention"(惯例)等包括进"institution"概念中,那么像 Andrew Schotter(1981)那样只把"institution"理解为与中文"制度"相等价的正式规则和由这种规则所界定的社会结构安排(structural arrangement)或构型(configuration)这种双重存在就有问题了。因为,从这一理解和界定中,很难认为个人的"习惯"是一种这种意义的制度③,习俗是一种制度,惯例是一种制度。经过多年的反复揣摩,我觉得西方文字中"institution"一词的核心涵义是《牛津英语大辞典》中的一种定义:"the established order by which anything is regulated"。牛津英语辞典中的这一定义直译成中文是:**"业已建立起来的秩序,由此所有的事物均被调规着"**。这一定义恰恰又与 Hayek(1973,pp.44—46)在《法、立法与自由》中所主张的"行动的秩序"是建立在"规则系统"基础上的这一理论洞识恰好不谋而合。到这里,也许读者能明白近几年笔者为什么一再坚持要把"institution"翻译为中文的"制序"(即由规则调节着的秩序)了。因为,正是依照牛津英语辞典的界定,笔者把英语以及标准欧洲通语中的"institution"理解为从"个人的习惯"(usage)→群体的习俗(custom)→习俗中硬化出来的惯例规则(convention)→制度(formal rule, regulation, law, charter, constitution,等等)④这样一个动态的逻辑发展过程。这是笔者(韦森,2001,2002,2003a,2003b)在近几年一再坚持将"institution"翻译为"制序"的主要理由。

　　大致了解了西方文字中"institution"一词的宽泛涵义以及中文"制度"一词在汉语演变中的沿革过程,读者也许就能明白笔者在最近几年艰苦的理论探索中始终坚持把标准欧洲通语中的"institution"译为"制序"的原因了。这一点深为王勇所理解。但是,王勇在翻译这部著作时,曾写信给我,说考虑到当前中国经济学界——尤其是制度经济学界——已习惯用"制度"了,再考虑到读者的可接受度,建议还是在本书中把"institution"译为"制度",而不是"制序"。另外,在近两年对语言哲学与语言学的研究和艰苦思考中,我深深体悟到,在一定的历史时期,语言(包括词汇)一旦形成,就是个惯性很大的系统。因而,让人接受另一个新造的词汇,是一件非常困难甚至在短期内几乎是不可能的事。于是,在近来的思想中,我深深地陷入这样一个痛苦的困惑中:是用新造的"制序""瓶子"装本来就应该装入的更多的"酒",还是通过拉伸本来就含混和颇有伸缩性的"制度""酒瓶"装入"新酒"(习惯、习俗、惯例等)?在最近与经济学界同仁的交流中,我深感,后一条进路显然更轻省些。于是,我接受了王勇的提议,即在本书中,我们按照中国经济学界目前的惯常译法,把"institution"全部译为"制度"。但是,我这里特别提醒读者,扬教授在其著作中是基于包括习惯、习俗、惯例、法律、制度、建制以及组织等极宽泛的涵义上来使用英文"institution"一词的,并且与Schotter(1981)对"institution"的理解显然有很大差别(Schotter是严格区别开"convention"和"institution"的,而扬则按西方人的惯用法认为后者包括前者),并与哈耶克、诺思以及当代著名美国语言哲学家约翰·塞尔(John Searle)对作为"秩序中的规则"(即正式约束)的"institution"的理解有差异,也比科斯所理解的该词在使用中所具有的"规则中的秩序"(即市场的建制结构)的涵义宽泛得多。这里令我比较放心的是,只要读者看到本书第1章的第一段话,就自然会明白扬教授在这部著作中所使用的"institution"到底是指什么,也就会理解他所理解的"institution"是个多么宽泛的概念。

理解了扬与肖特对"convention"和"institution"的把握以及对二者关系理解上的差异后,再阅读本书,就会发现,扬教授本人把本书的副标题定为"制度的演化理论"(An Evolutionary Theory of Institutions),但他整部书的大部分理论模型实际上均试图从理论上再现人们现实生活中的种种"convention"的自发型构和演化过程。在1995年《经济展望杂志》上发表的一篇文章中,扬曾认为自己的工作是"惯例的经济学",我想,他的这一自我界说也大致适应于这部著作。

另外值得注意的是,读过扬教授的这部著作后,再把扬的这种哈耶克式演化博弈论的习俗、惯例和制度生成论与新制度学派的理论进路进行比较,我们就会发现新近的演化博弈论惯例和制度分析的理论进展和意义在哪里了。熟悉诺思教授理论工作的同仁会知道,在诺思的制度变迁理论中,他也曾提到文化、传统对制度变迁的影响,并且在诺思20世纪80年代后的著述中,他曾多次谈及 Paul David(1985)和 W. Brian Arhtur(1988,1989)所提出的制度变迁中的"路径依赖"(path dependence)和"锁入效应"(lock-in effect)问题。然而,现在看来,在诺思的新制度主义的制度变迁理论框架中,社会制序演化中(包括习惯、习俗、惯例和制度)的"路径依赖"和"锁入效应"与其整个理论程式还是"两张皮"。因为,依照科斯和诺思的新制度经济学的理论程式,如果市场的建制结构和制度规则完全取决于那种新古典式的"超级理性人"对交易费用节约的理性计算的话,那么社会演化和制度变迁必然是决定性的和确定性的,甚至是唯一性的(如果各个超级理性人的社会博弈有唯一解的话)。这就在方法论上与马克思历史唯物主义的决定论有"异工同曲"之妙了。反过来,如果按照 Smith-Menger-Hayek 的市场秩序自发生成论以及 Schotter-Sudgen-Young 这些演化博弈制序分析的理论进路,作为某种制序(广义的 institutions)的习惯(usage)、习俗(custom)、惯例(convention, practice)和法律,以及宪法、宪政,甚至国家的形式,都是一些有理性但又有分散和分立知识的个人在各自不完全信息中随机博弈的结果。事实上,只有理解了这一点,才能从整体上理解 Schotter(1981)和 Young 这两部博弈论制度分析专著的理论意义和学术价值之所在。正如 Schotter(1981, p.164)在结束《社会制度的经济理论》时所言:"归根结底,通过制度的演化,人类世界(the social world)从一种无序的自然状态演变为有序的现代社会。这是一个随机过程,以至于我们所观察到的实际发生的一切仅仅是制度转轮的一次轮回而已。唯一的问题是,这个转轮是否偏斜。"在人类社会的种种习惯、习俗、惯例、制度的演化和变迁中,人类社会的"轮子"是否偏斜? 如果有偏斜,其轨迹和路径将是怎样的? 扬教授在这部著作中试图发现一些规范的新答案。这正是这本书的核心价值所在。

这里需要指出的是,由于这部著作是根据作者 1995 年在以色列希伯来大学夏季经济理论班的讲稿基础上成型的,因而对稍有数学基础和博弈论知识的读者来说,它还是具有一定可读性的(用现在经济学的行话来说,它还不是太"技术")。然而,正因为这是一部在讲演稿基础上成型的学术专著,读过这部著作后,读者自然会感觉到,用博弈论——尤其是演化博弈论——来研究人类社会的种种习惯、习俗、惯例和制度的生成、驻存与变迁过程,从整个世界范围来说,目前还只是处在"婴幼"阶段。换句话说,要证明哈耶克自发社会秩序和制度生成论,特别是要把哈耶克深邃繁复的大部分思想用博弈论的数学语言程式化,还需理论经济学界巨大的理论投入。

理论的初步萌生,自然意味着有巨大的可开拓空间。因而,对于有志于博弈论制度分析的学界同仁来说,在这一新探索领域的研究投入,目前来说其"边际收益"肯定是递增的。基于这一认识,笔者由衷地希望,这部著作中译本的出版,能诱发更多中国青年学子关注博弈论(尤其是演化博弈论)的习俗、惯例和制度分析的理论进展,这不但能使有志于这一新兴领域研究的经济学人很快具有一些当代经济学的前沿意识,而且在未来的学习和研究中,也可望较容易推进人类反思自身社会存在的理论前沿的边界。另外,按照译者王勇的估计,本书所讨论的处理异质低度理性经济人的演化博弈的研究方法,甚至会对当代宏观经济学研究中非常重要的"异质性"问题(如收入分配问题)与"内生经济政策"也大有裨益。并且,毫无疑问,"由低度理性博弈者"构成的演化宏观经济世界也将是一个迷人的理论空间。

最后,愿在制度经济学领域中探索和思考着的中国学界同仁,能够综合吸纳新制度主义、新古典主流学派已有的关于一般均衡框架中的交易费用问题的理论研究成果,尤其是能紧密跟踪国际上博弈论制度分析的最新进展,并能从任一学派的思路框架和思想程式中走出来,真正开始自己的理论探索。

是为序。

韦　森

于 2003 年 10 月 21 日

谨识于复旦书馨公寓

注释

① 正是因为这一点,中国经济学界把"New Institutionalism"译为"新制度经济学",应该是名副其实的。也是出于这一考虑,在这篇中译本序和笔者最近的论著中,我仍然使用"新制度学派"这一中文术语。下面我们将讨论关于"institutions"的中译法问题。实际上,在上海三联书店和上海人民出版社 2002 年出版的米勒教授的《管理困境:科层的政治经济学》(Miller, 1992)的中译者序中,我已经讨论过这一问题。

② 这个词是美国著名语言学家 Whorf(1956,中译本,第 124 页)所使用的一个专用名词,用以指英语、法语、德语和欧洲其他一些语言。很显然,现代标准欧洲通语有一个共同"祖先"——拉丁语,因而有着大同小异的语法。现代标准欧洲通语中所共有的"institutions",也是从拉丁语中共同继承下来的。

③ 尽管美国老制度经济学家 Thorstein Veblen(1899, p.109)在其《有闲阶级论》中指出"institutions"原发于人们生活进程中的"流行思想习惯"(prevalent habits of thoughts),我们却不能在中文"制度"的意义上认为人们的流行的思想习惯就是"制度"。

④ 请注意,当个人的习惯、群体的习俗和作为非正式约束的惯例经过一个动态的逻辑发展过程变为制度时,制度本身显现为一种正式的规则和正式的约束,但这决非意味着习惯、习俗和惯例一旦进入制度之中就失去了其作为一种秩序(包括博弈均衡)、一种事态、一种情形、一种状态以及一种非正式约束的自身,相反,它们均潜含于作为正式规则和规则体系而显在的制度之中,与外显的规则同构在一起。这种内涵着秩序和事态的规则于是也就孕成了制度的另一种含蕴,即建制。因此,在制度之中,秩序与规则是同构在一起的。由此,在笔者看来,已制度化(constitutionalized——即已形成了正式规则）的社会秩序中，制序等于制度（constitution）；而处于非正式约束制约中的秩序或者反过来说在人们行动秩序中显现出来的非正式约束本身就是"惯例"（convention）。这样一来，制序包括显性的正式规则调节下的秩序即制度，也包括由隐性的非正式约束（包括语言的内在规则如语法、句法和语义规则等等）所调节着的其他秩序即惯例。用英文来说，"Institutions are composed of all constitutions and conventions"。并且，由于"constitution"和"convention"均有"social order"的涵义，"institution"（制序）也自然把社会秩序（如习俗，人们的行事和交往方式即 practices）内涵在其中了。到这里，读者也可能就明白了，尽管笔者不同意诺思这些最优制度设计论者的"制度作为博弈规则是理性的政治和经济企业家设计出来的"理论观点，但却认同他们的制度是规则约束和结构安排的同一体这一认识。换句话说，制度具有（正式）博弈规则和结构安排两重性，且二者是不可分割地融合在一起的。同样，惯例也具有（非正式）规则和结构安排两重性。这就是我近来所常说的"制序（包括制度和惯例）是规则中的秩序和秩序中的规则"的精确意思。

参考文献

韦森，2001，《社会制序的经济分析导论》，上海三联书店 2001 年版。

韦森，2002，《经济学与伦理学——探寻市场经济的伦理维度与道德基础》，上海人民出版社 2002 年版。

韦森，2003a，《文化与制序》，上海人民出版社 2003 年版。

韦森，2003b，《哈耶克式自发制度生成论的博弈论诠释》，《中国社会科学》第 6 期。

Arthur, B.W. 1988, "Self-Reinforcing Mechanisms in Economic Theory", in P. W. Anderson, K. Arrow & D. Pines(eds.), *The Economy as an Evolving Complex System*, Reading, MA.: Addison-Wesley.

Arthur, B.W., 1989, "Competing Technologies, Increasing Returns, and Lock-In by Historical Events", *Economical Journal*, vol.99, pp.116—131.

David, P., 1985, "Clio and Economics of QUERTY", *American Economic Review*, vol.75, pp.332—337.

Hayek, F.A., 1973, *Law, Legislation and Liberty: Rules and Order* (I), Chicago: The University of Chicago Press.

Miler, G, 1992, *Managerial Dilemma: Political Economy of Hierarchy*,

Cambridge: Cambridge University Press. 中译本：米勒，《管理困境：科层的政治经济学》，王勇等译，上海三联书店、上海人民出版社 2002 年版。

Schotter, A., 1981, *The Economic Theory of Social Institutions*, Cambridge: Cambridge University Press. 中译本：肖特，《社会制度的经济理论》，陆铭、陈钊译，韦森审订，上海财大出版社 2003 年版。

Sugden, R., 1986, *The Economics of Rights, Co-operation, and Welfare*, Oxford: Blackwell.

Sugden, R., 1989, "Spontaneous Order", *Journal of Economic Perspective*, vol.3, No.4, pp.85—97.

Veblen, T., 1899, *The Theory of Leisure Class: An Economic Study of Institutions*, New York: Vanguard Press. 中译本：凡勃伦，《有闲阶级论》，蔡受百译，商务印书馆 1964 年版。

Whorf, B.L., 1956, *Language, Thought and Reality, Selected Writings of Benjiamin Lee Whorf*, Cambridge, Mass.: The MIT Press. 中译本：沃尔夫，《论语言、思维和现实：沃尔夫文集》，高一虹等译，湖南教育出版社 2001 年版。

Young, H.P., 1994, *Equity in Theory and Practice*, Princeton, NJ: Princeton University Press.

Young, H.P., 1995, "The Economics of Convention", *Journal of Economic Perspective*, 10, pp.105—122.

Young, H.P., 1998, *Individual Strategy and Social Structure: An Evolutionary Theory of Institutions*, Princeton, NJ: Princeton University Press.

Young, H.P. & M.L.Balinski, 2001, *Fair Representation*, 2nd ed., Washington D.C.: Brookings Institutions.

前 言

　　本书是根据 1995 年 6 月我在希伯来大学高级研究中心的经济理论夏季班系列讲座的基础上稍稍扩编而成的。本书有两个目的。一是想为博弈理论的发展提出新的方向,在这里博弈者将不是超理性的(hyper-rational),而且信息是不完全的。特别地,我扬弃了如下信条:人们完全理解他们所进行的博弈的结构,并且他们有着一个关于他人行为的一贯模型,他们可以进行无限复杂的理性计算,而且所有这些都是共同知识。相反,我所假定的是这样一个世界:人们根据有限的数据进行决策,使用简单的可预测的模型,有时候还做一些无法解释的甚至愚蠢的事情。经过一段时间,这种简单的适应性的学习过程就能趋同于颇为复杂的均衡行为模式。实际上,博弈论里关于古典解的概念有数量惊人的例子是可以通过这条思路重新加以把握的。

　　本书的第二个目的是想说明这种框架如何运用于社会经济制度的研究。这里,我使用"institution"的日常概念:已建立起来的法律(law)、习俗(custom)、习惯(usage)、惯例(practice)和组织(organization)(《简明

1

牛津英语词典》）。我认为制度是由许多个体的积累性经验经过长期发展而出现的。一旦它们互相作用结合成一种固定期望与行为模式时，一种"制度"就产生了。这一理论对该过程会遵循的演化路径以及由此所产生的制度形式的多样性作出定量的预测。该理论还告诉我们关于这些制度的一些福利性质。我通过各种简单的例子来阐明这些思想，包括邻居分隔模型，经济契约的形式，分配的讨价还价条件，合作的标准，社会遵从的惯例，道路交通规则，等等。这些例子很说明问题，并且旨在说明将来工作的方向；我并不指望对任何一种制度形式都作出确定性的描述。

就像所有"新"方法一样，这里所阐明的方法也是建立在已延存许久的思想之上的。特别重要的是托马斯·谢林（Thomas Schelling）的工作，据我所知他是第一位明确阐述许多个体的微观决策是如何演变为可观测的宏观行为模式的经济学家。如果说本书给他的工作新增了一些东西的话，那就是提供了研究这些模型的分析基础，以及拓展了它的应用范围。本书的第二个基石是生物学家梅纳德·史密斯（Maynard Smith）和普赖斯（Price）的工作。像谢林一样，他们指出博弈论是如何在个体的微观行为与社群的总体行为之间建立重要联系的。然而作为生物学家，他们并不认为个人会对其环境作出理性的反应。相反，他们坚信适应性较差的个体（动物或人类）经过自然选择会被淘汰出局。那些博弈成功者要比不成功者繁衍得更快。这就产生了一种被称为复制动态（replicator dynamic）的进化选择过程。

为了研究这一动态选择，Maynard Smith 和 Price(1973)引入了 ESS 这一全新的均衡概念，即演化稳定策略（evolutionary stable strategy）。ESS 是社群中策略的频率分布，它不会被一小群变异者侵扰成功。任何这种分布都必然是某个潜在博弈的纳什均衡，但并非每一个纳什均衡都是一个 ESS。这种演化的视角就为博弈论古典解的概念提供了一个新奇的别解，并且还可以表明它是如何被强化的。对于这种方法更为完整的描述，请读者参阅 Maynard Smith(1982)的开拓性工作，以及 Hofbauer &

Sigmund（1988）以及 Weibull（1995）所做的一流的纵览。

　　本书采用另一种不同的方法，实质上更接近于谢林，而不是那些生物学家。首先，我的兴趣在于经济和社会现象，而非老鼠与蚂蚁的行为。这就要求有一种不同等级的演化动态学。第二，该文献中标准解的概念ESS 就我的目的而言针对性尚嫌不够。实际上，正是对这一思想的不满意导致迪安·福斯特（Dean Foster）和我去发展了另外一种解的概念，即随机稳定性（stochastically stable），这是后面许多内容的基础。粗略地讲，一个均衡是随机稳定的，假如它能抵制连续的随机冲击，而不仅仅是ESS 所假设的孤立的冲击，而仍保持完好。这就产生了一个更加确切的均衡（和非均衡）选择的概念，这我将在后续章节中涉及。

　　本书必然会带有一些技术性，但我亦试图通过较长的解释使其不至于形成障碍，这些解释都归在附录中。我假定读者对博弈论已经具有初步的了解；所要求的动态系统理论和马尔可夫过程的知识也是从最基本的开始讲起。这些内容对研究生和职业经济学家来说应该是很容易阅读的，而且也并不超出高年级本科生的能力所及。这些讲座是分五次讲授的，每次约一个半小时。本书的篇幅更长一些，但也没有长很多，所以它可以很方便地作为传统博弈论课程的一个单元来讲授。

致　谢

本书是建立在许多人的思想之上的。我要特别感谢 Dean Foster，在发展这里所论述的一般方法时，他是一位关键的合作者。我也要感谢 Yuri Kaniovski，是他向我介绍了随机近似理论及其在各种主题中的运用。我所直接或者间接援用的工作成果，还包括以下各位作者的：Brian Arthur, Robert Axtell, Ken Binmore, Larry Blume, Glenn Ellison, Joshua Epstein, Drew Fudenberg, Michihiro Kandori, Alan Kirman, David Levine, George Mailath, Richard Nelson, George Nöldeke, Douglass North, Rafael Rob, Larry Samuelson, Andrew Schotter, Reinhard Selten, Robert Sugden, Fernando Vega-Redondo, Jörgen Weibull, Sydney Winter。

本书的阐述受益于耶路撒冷经济理论夏季班学生的意见以及斯德哥尔摩经济学院、巴黎大学、约翰霍普金斯大学和芝加哥大学的学生的意见。我特别要向以下这些人士表达谢意，他们是 Marco Bassetto, Joe Harrington, Josef Hofbauer, Cassey Kim, Sung Kim, Stephen Morris, Adriano Rampini, Philippe

Rivière，John Rust，Sarah Starfford，他们带着批判性的眼光阅读了手稿，并提出了很多建设性的意见。尤其要感谢 Todd Allen，本书所叙述的博弈模拟都是由他做的。Petcr Doughterty 对于这一项目的热情促使了本书的完成；Lyn Grossman 非常出色地对终稿进行了编辑与排版。

我感谢 John D. 和 Catherine T. MacArthur 基金会，Pew Charitable 信托基金，以及布鲁金斯学会所提供的慷慨的资金援助。但是这里所表达的思想并不一定反映任何一家机构的观点。

最后，我欠下 Kenneth Arrow 和 Thomas Schelling 一笔巨大的智力债务，这么多年来他们俩一直给予我私人的鼓励与职业上的提点。像这样的债务永远都不可能完全地偿还；只能期待着将此传给下一代。

合理经济秩序的问题完全取决于如下事实：我们所必须运用的有关各种情形的知识，从来就不是以集中且整合的形式存在的，而仅仅是以所有彼此分立的个人所拥有的不完全且经常相互矛盾的分散知识存在的……

假如某人的大脑知道所有的事实（正如我们假设所有的事实对于作为观察者的经济学家来说都是给定的那样），就会有解决问题的唯一办法。即使我们能够证明这一点，也无法解决上述问题。相反，我们必须说明，一项解决问题的办法究竟是如何通过每个只拥有部分知识的人之间的互动而得以产生的。

——弗里德里希·冯·哈耶克，《知识在社会中的运用》

CONTENTS

目 录

1

概　述

　　经济与社会的制度协调着人们在各种交往过程中的行为。市场则协调发生在特定时间和特定地点的特定商品的交换。货币协调交易。语言协调交流。礼仪准则协调着我们相互间应如何进行社会交往。普通法限定了对人及财产所采取的可接受的行为的界限，并告诉我们逾越这一界限将意味着什么。这些制度以及许多其他制度都是——至少部分是——演化力量的结果。它们是由长时期交互作用着的许多个人的累积性冲击所形成的。市场常常在方便的聚会处出现，比如一个十字路口或者是一块阴凉的地方（在梧桐树下），顾客们渐渐觉得将会在那儿得到某些商品，卖家们也渐渐实现了他们的愿望。他们也渐渐地预期到在某些天和某些时间会进行交易，以及决定交易的特定方式，无论是标价、讨价还价还是拍卖。这些特征在很大程度上是由历史前例的积累所决定的，亦即由许多个人的决定而形成的，这些人只关心当时如何最好地进行交易，而并不关心他们的决定对市场的长期发展会有什么影响。

　　类似的论断也适用于经济契约。譬如,当人们租用公寓时,典型的情形是,他们有一个标准的租让契约,通常唯一需要商量的只是价格和租用期。人们比较喜欢用标准的契约,因为在法庭上它们比临时草就的契约具有更加清楚的可执行性。前例的积累使之更好地被界定,因而容易被交易双方所接受。但是标准契约又是如何变为标准的呢? 答案显然是通过长期对各种形式进行试验以后形成的。最终有一种形式对于某种给定的交易类型(在某一给定的地点)就逐渐地变成了标准和惯例。这倒并不一定是因为它是最优的,只是因为它很好地达到了目的,并且每一个人已经预期到了。它现在是一个协调行为的制度,若偏离它,所付出的代价将十分昂贵。

　　类似的论断适用于各种各样的社会和经济制度——譬如语言、穿着方式、货币与信用的形式、求爱与婚姻的模式、会计准则、交通规则。在大多数情况下,人们的意志并不能使其变得如此:它们是由前例的积累而形成的,是由试验和历史的巧合而产生的。

　　当然,并非所有的制度都能这样解释。有些制度是由法令创造的。在中世纪,市镇常常根据王室的规章而建立,交通规则被写在法律条文中,会计标准则由官方或半官方机构进行规制,语言是根据标准的辞典和语法书进行传授的。但是当我们深入观察这些事物时,我们却发现这些立法常常只是对演化而成的做法加以批准而已。进一步讲,立法与法规并不阻止演化行程:市镇在更替,会计准则在变动,辞典与法律总是在被重写。

　　经济制度和行为模式可以被解释为很多个人决策的产物或者说结果,这一说法在经济学里已不再是一个新鲜事物。它也许与奥地利学派成员的关系最为明显,特别是门格尔(Menger)、哈耶克(von Hayek)和熊彼特(Schumpeter),尽管这一方法的某些方面在更早期学者的著作中就已经隐含着了,他们包括亚当·斯密(Adam Smith)、大卫·休谟(David Hume)和埃德蒙·伯克(Edmund Burke)。[①]

　　那么,有哪些特征能将"演化"的观点与经济学中的古典观点区别开来呢? 一个是符合均衡的状态,另一个则是符合理性的状态。在新古典经济学中，均衡是占有主导性的范式。个人决策被假定为在给定预期下是最优的，而预期在给定的证据下也被假定为是合理的。我们也对均衡感兴趣，但我们坚持认为均衡只有在一个动态框架中方能被理解，该框架能解释均衡是如何产生的（假如事实上它的确产生的话）。新古典经济学描述的是一旦尘埃落定世界看上去会怎样，而我们则对尘埃是如何落定的感兴趣。这并非是一个无聊的问题，因为落定的问题可能对事物以后如何会有巨大的影响。更重要的是，我们需要认识到尘埃实际上永远不会真正落定——在随机气流的作用下，它一直在运动。这种由随机力量产生的持续冲击，其实正是描述事物处于长期平均中的形态的重要因素。

我们的方法区别于标准方法的第二个特征是经济人的理性程度。在新古典经济理论中——特别是在博弈论中——经济人被假定具有超理性。他们知道其他人的效用函数（或者其他人具有这些效用函数的概率），他们对其所处的过程了如指掌，并且假定其他每一个人都制定最优的长期计划，以此为基础他们制定自己的最优的长期计划，等等。这是一个相当过分（extravagant）且似是而非的人类行为模型，尤其是在经济人常常典型地面对着的那种复杂和动态的环境中，更是如此。其实，这代表了一种对经济学传统思维方式的独特背离。譬如，在纯交换理论中，一个中心主旨是价格和市场协调经济活动的能力，而**并没有**假定经济人只是一个天真的按其有限信息行为的最优化者。

在这层意义上，我们的观点代表了一种对经济学旧传统的回归。经济人适应着——他们不乏理性——但他们并不是超理性的（hyper-rational）。他们仍环顾四周，他们收集信息，在多数时间里，他们在所掌握的信息基础上相当理智地行动。简言之，很明显看出来他们是人。即使是在这种低度理性的环境里，我们仍可对长期中所出现的制度（均衡）说上很多。事实上，这些制度常常恰好就是被那些高度理性的理论所预料的结果——纳什讨价还价解、子博弈精炼均衡、帕累托效率协调均衡、严格劣策略的重复消去，等等。概言之，当适应性过程有足够长的时间展开的话，演化力量常常替代很高程度的（且似是而非的）个人理性。

让我们对这种骨架性的描述添加一点血肉。记着我们的总目标是想说明经济和社会制度是如何从许多个人的交互决策中生发出来的。为了生动地谈论这一思想，我们需要一个在微观层次上个人之间如何交互作用的模型。这自然是由一个博弈来提供，它描述了每个博弈方可选择的策略和采用这些策略的得益情况。显然博弈的形式决定于我们企图建模的交互作用的情况。为了说明这些思想，我们通常借助于具有相对简单结构的博弈，如协调博弈和讨价还价博弈，但是这个理论会扩展到所有的有限策略博弈，我们将在第 7 章中说明这一点。

然而这个框架与传统博弈论在一些重要方面存在着差异。第一，博弈方是不固定的，而是取自大量的潜在博弈群。第二，个人之间交互作用的概率依赖于外生的因素，例如他们生活在何处，或者更一般地说，在一些适当定义的社会空间中他们的接近性。第三，博弈方并非完全理性，并非充分了解他们所处的世界。他们依据零散信息进行决策，对于他们所处的过程也只是具有不完全的模型，而且他们可能并不一定是高瞻远瞩的。但是他们也不是完全非理性的：他们根据对其他人将如何行为的预期来调整他们自己的行为，而且这种预期是根据其他人过去行为的信息内生出来的。基于这些预期，博弈方采取行动，而这种行动反过来又变成影响以后人们行为的前例。这就形成了一个如下类型的反馈回路：

最后，我们假定动态的过程会受到随机扰动的冲击，产生这些扰动有各种原因，例如外部冲击或者人们行为的不可预见性。这些冲击所扮演的角色如同生物学中的变异，它们不断地测试着现行制度的自生性（viability）。而且，它们意味着**演化动态是永远不会完全停止的，它总是处于变动之中**。从一个技术性角度来看，这一方法的新奇之处在于明确地表述如何分析这种过程的长期行为。

为了具体地说明这些思想,考虑一下谢林的邻居分隔模式(neighbor-hood segregation pattern)模型的如下变化(Schelling,1971,1978)。设有两种类型的人——A 和 B,他们能选择想要住的地方。对于给定的位置,他们的效用取决于其邻居的构成,即他们周围的 A、B 混合情况。图 1.1 描述了这一情形。这里每一个圈代表了一个位置。让我们假定如果某个人的两个直接相邻的邻居与他自己不同,则他会不满意;否则,他就感到满意。一个均衡排列是指不存在这么一对人,其中一人(或两人)现在感到不满意,而交换位置后将变得满意。(假如起先只有一人不满意,那么我们可以假想他使得另一个人因移动得到补偿,所以交换之后双方都比以前处境要好。)

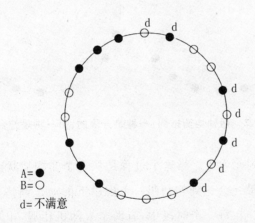

A= ●
B= ○
d= 不满意

图 1.1 在圆环上两种类型的人的一个随机分布

如果每种类型的人都至少有两个,那么我们称在均衡时没有人会感到不满意。为了说清楚这一点,反过来假设一个 A 型被两个 B 型的人包围(BAB)。沿圆圈的顺时针方向,设 B^* 表示跟在这个 A 后面的一串 B 中的最后一个 B,设 A^* 表示跟在 B^* 后面的人:

$$\cdots BAB\cdots BB^* A^* \cdots$$

由于每种类型都至少有两人,我们可以肯定 A^* 与原来的 A 不同。

但是这样的话,原来不满意的 A 会与 B*(他是满意的)相交换,之后双方都将满意。这样我们可以看出均衡排列包含着那些每个人都至少与一个同类型的人相邻的安排。没有人"孤立"。

一般来讲,均衡排列有许多类型。有些是包括几个 A 小区和几个 B 小区分散在整个图景中;其他则是所有的 A 住在圆圈的一边,而所有的 B 则在另一边,在这个意义上他们是完全分隔的(见图1.2)。

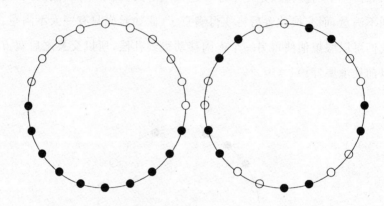

图1.2 两种均衡排列:一种是分隔的,另一种是整合的

均衡分析到此为止。当这个过程是从一个非均衡状态开始的话会发生什么呢?最终会达到均衡吗?考虑以下的动态调整。时间可分为不连续的时段。在每一个时段中,有两个人随机相遇,相互交谈一下彼此邻居的情况。如果他们发现交换位置将会更好,他们就交换。读者可以验证从某一初始状态起,总存在某一系列有利的交换最后导致均衡。因为状态的数量是有限的并且遵循这一路径的概率是正的,所以这一过程最终将以概率1达到某一均衡。图1.3说明了这种类型的一系列调整。注意调整过程并非是完全可预测的:它在何处结束取决于它从何处开始以及人们交换位置的次序。因此可以指出从某一初始状态出发达到各种结果的概率,但是不清楚到底哪一个真正实现了。这种过程有时被称为"路径依赖"(path dependence)。②当然,遵循哪些不同路径取决于偶然事件的结果,从这层意义上讲,任何非平凡的随机过程都是路径依赖的。路径依赖的一个更为有效的定义是,过程以正的概率遵循具有不同长期特征的路径[该过程是"非遍历的"(nonergodic)]。上述位置模型在这个意义上是路径依赖的,因为路径可以以不同的均衡排列结束。

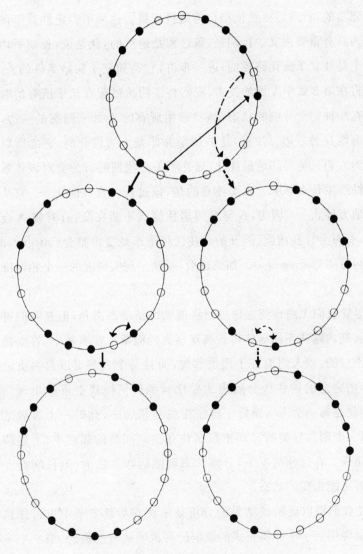

图 1.3　从相同起点出发的不同演化路径

对该问题的进一步复杂化来源于这一事实：人们的行为往往与模型所表现的不符。比如说，假定存在一个小概率使得可以通过交换而得到收益的两个人没有进行交换；类似地，也有一个小概率使得一对无法通过交换得到收益的人进行了交换。这一假定表明了这样一个简单事实：我们并不知道人们之所以产生这种行为的所有原因。我们的行为模型是不完整的，行动需要被模型化为随机变量。这种不确定性对于该过程的行为具有重要意义。特别是，该过程是遍历的，就是说，长期平均行为本质上是独立于演化路径的；进一步讲，它是独立于初始条件的。③利用我们将在第 3 章中发展的技术，我们将证明该过程在几乎所有的时间都是处在一种完全分隔的状态，该状态中所有的 A 处于圆圈的一边，而所有的 B 则在另一边。注意，这一结果并非是人为设计的；它之所以产生是因为人们只是局部地最优化，而并不关心他们的行为会对该体系的长期特性产生什么影响。也要注意的是，该过程一直在演化——它从不在某一地方停止——因为，A 与 B 的居住模式不断在变：有时候 A 会住在北面，有时会住在南面；隔开的居住区将渐渐地变得整合（integrated），后来又再分隔（segregated）。如此这般，反映了现实情况的一个相当准确的图景。

尽管我们无法预测这种过程将遵循哪条动态路径，但是我们可以估计在长期内这些不同居住模式被观察到的**概率**。在本例中，答案是再也熟悉不过的：当人们偏好于同类邻居，而且每个人都可以自主决定其布置时，则完全的居住区分隔模式要比其他任何模式更可能出现。事实上，即便是每一个人均**偏好**于居住在混合邻居中（此时一个邻居是同类的，另一个则是异类的），而不是居住在全是同类的邻居中，上述结果仍可能出现。在这种情况下，分隔状态可能远非最优的，但长期而言它们是最有可能出现的状态。

使我们得以证明该结果的分析技术将在后续章节中进行详述。然而这里要用到一个无需正式的设定便可说明的重要概念：当一个演化过程受到微小的、连续的随机冲击时，长期而言某些状态比其他状态更频繁地出现。这些状态被称为**随机稳定的**(stochastically stable)(Foster and Young, 1990)。以后我们将说明如何正确计算随机稳定状态。这里值得强调的是,随机稳定性是一个比诸如演化稳定策略(evolutionary stable strategy)、风险占优均衡(risk-dominant equilibrium)等在许多文献中已有的概念更加深入(和更加普遍)的均衡选择标准,尽管在特殊情况下会与它们有关,这些我们将在后续章节中看到。

为了说明我们可以用这个概念处理的各种问题,让我们简要考虑以下几个经过进一步程式化的例子。一个明显带有演化味道的经济制度是交换媒介的选择。④历史显示出在各个社会中被用作货币的各种各样的商品:有些使用金或银;有些使用铜或珠子;还有一些喜欢用牛。在经济发展的早期阶段,我们可以想像通货的选取是一个由个人决策生发出来并逐渐集中到某一标准物品上的过程。一旦社会中有足够多的人接受一种特定的通货,则其他人也都会接受它。

在最基础的水平上,这种决策问题可以模型化为一个协调博弈。假设有两种通货选择:金或银。在某一时期开始时,每个人必须决定携带哪种通货(我们假设两样都带会使成本过高)。在这一时期里,每个人与社会中的其他人随机相遇,并且仅当他们携带同种通货时方可发生交易。这样期初的决策问题就是选择他认为将被其他大多数人选择的通货。

用正规的形式,我们可以将这种情形模型化如下:设 p^t 为在时间 t 选择金的人数比例,并设 $1-p^t$ 为选择银的人数比例。在 $t+1$ 时刻,一些人重新考虑他们的做法(或者是他们死了,并被那些必须要作出新选择的人所取代)。为简化起见,假定恰有一人,他是从总人群中随机选取的,他在每一期都要重新考虑。假定作为通货,金和银的特性受到同等偏好(不久我们就将放松这一假定),然后我们的决策者在 $p^t > 0.5$ 时选金,$p^t < 0.5$ 时选银。假如 $p^t = 0.5$,我们可以假定决策者由于惰性,将继续按其先前情况行事。⑤所有这些以高概率发生,比方说,$1-\varepsilon$。但是一个人也以概率 $\varepsilon > 0$ 随机选择金银,亦即,外生于模型的原因使然。

从性质上讲,该过程以下述方式演化。在起始的一个淘汰过程之后,该过程十分迅速地收敛于大多数人携带相同通货比如说金这一情形。这一本位标准很可能将保留相当长的一段时间。但是最终,随机冲击的累积将会把该过程"推翻"到银本位。与一种或另一种本位占位的时间相比,这些推翻事件是不频繁的(假定 ε 很小)。而且,一旦推翻事件发生后,该过程将趋于比较迅速地调整到新的本位标准。这一模式——被制度突变而打断的长期状态——在生物学里被称为**间断均衡效应**(punctuated equilibrium effect)。以上我们所描述的演化模型预示着,类似的现象也刻画了经济和社会规范的变化。图 1.4 说明了当两种通货具有相等收益时在通货博弈中的这个现象。

金的比例

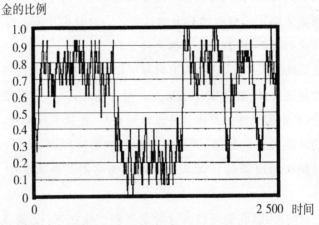

图 1.4　具有相同得益的通货博弈,人数为 10,ε = 0.5

现在让我们来问,当一种通货内在地略微优于另一种时将会发生什么。假设金由于不像银那么容易失去光泽而更受到偏爱。那么在个人水平上的决策问题是如果 $p^t > \gamma$ 则选择金,如果 $p^t < \gamma$ 则选择银,这里 γ 是某一个小于 0.5 但大于 0 的分数。现在这个过程遵循一个类似图 1.5 的路径。长期来看,更偏向于金,即,在任何给定时间,社会更可能采用金本位而不采用银本位。这并不令人惊奇。令人惊奇的或许是随机扰动越小,这一偏向越强烈。图 1.6 和 1.7 表明了 ε = 0.10 和 ε = 0.05 时的特

征样本路径。很明显,当ε值越小,则过程处于金本位阶段就越是可能,并且在制度变化之间的时段也越长。这可以通过计算其长期分布加以证明,这个分布可以明确地表示成一个关于ε、γ和人口数量的函数,我们将在4.5节中予以证明。

类似的说法也可适用于许多其他的情况。比如,考察一个具有网络效应(network effect)的新技术之间的竞争。一个当代的例子就是个人电

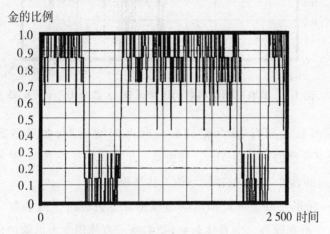

图 1.5　具有非对称得益的通货博弈(金 = 3,银 = 2),人数为 10, $\varepsilon = 0.5$

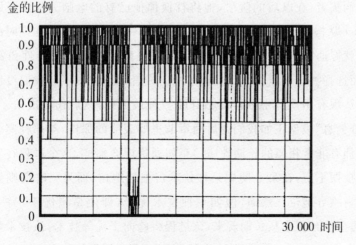

图 1.6　具有非对称得益的通货博弈,人数为 10, $\varepsilon = 0.10$

金的比例

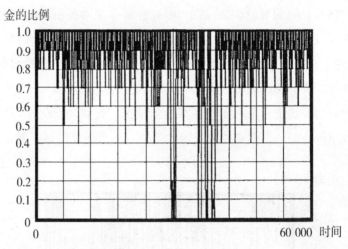

图 1.7　具有非对称得益的通货博弈，人数为 10，$\varepsilon = 0.05$

脑：如果多数人拥有 IBM，则拥有一台 IBM 更有利；如果多数人拥有 Mac，则更合意的是拥有 Mac。理由是一给定机型越是普遍，就有越多的为它创造的软件，也就越容易与他人共享程序。⑥

　　这一情形可以如下地加以动态模型化。假想对于两个竞争性的技术有 m 个潜在顾客。为具体起见，我们将一直使用个人电脑的例子。在每一时期，某一个人会决定购买一台新电脑。在起始阶段，他可能是第一次购买者，在以后的阶段，他将替换掉他已有的电脑。假设开始 IBM 和 Mac 从操作到成本是同样受欢迎的，唯一区别在于它们在当时的普及性。就像通货博弈一样，有一个高概率使得顾客选择普及性更高的电脑，而选择另一种电脑则是低概率的。或者，更现实一点，我们可以假设顾客从现有用户群中抽样以估计哪一种最流行，然后作出决策。（这个"部分信息"模型正如我们在后面章节里要表明的那样，与那种完全信息模型拥有非常相似的长期性质。）正如通货博弈那样，这个过程在不同时期间摇摆不定，在第一期中某种技术占主导地位，而另一时期则另一种技术占主导地位。然而，假如一种技术优于（即使是稍优于）另一种技术，模型会预测出从长期看来，该过程将趋向于优等技术，该技术将会比那种劣等技术存在更长时间。用我们的术语来讲，优等技术是随机稳定的。

　　但是在解释这一结果时要有所警惕,因为这种模型中的长期性与技术变化率相比可能确实非常漫长。到该过程最终采用优势技术时为止,这两个技术的性质可能已经完全改变了。正如 Arthur(1989)论述的那样,从一个现实的角度来看,重要的是谁在开始时就攫取了市场的最大份额,因为这样可以令领先者获得优势,在中短期内这一优势是很难改变的。换言之,如果由于偶然事件的结果,一个内在劣等技术要比一个内在优等的技术领先一步,并且如果存在很强的网络效应,则劣等技术可能在长时期内保持其领先地位,直至随机力量使得优等技术取而代之。⑦

　　因此从短期来看,一个制度的关键性质在于其**惰性**(inertia)。所谓惰性,是指将不好的制度推翻到一种好的制度这一过程的预期等待时间。虽然这要部分取决于一种技术比另一种的相对优越性,但同时也取决于(i)顾客基数的大小,(ii)顾客赖以决策的信息量,(iii)随机扰动的大小,以及(iv)顾客局部或整体地收集信息的程度。当人们拥有一个大的信息基础并且整体性地交互作用时,惰性就可能很大:一旦某个劣等技术跃于优等技术之上,演化力量就有可能永远无法驱逐它。另一方面,当人们根据相对较少的信息量进行决策,并且他们主要与小群邻居接触的时候,最优技术可能会较快地被寻求到。但是要注意,惰性小也是一把双刃剑:它将达到最优结果的等待时间减少,但与此同时,最优结果也可能存在不久就会(由于受到进一步的冲击)被某一次优结果所取代。

　　这一讨论提出了演化模型中的一个重要问题,即事件发生的时间尺度。在我们将研究的这些过程中,时间是用对应于不同事件的离散时间段来衡量的。例如,某两个人之间的每一次交往都标志着一个新时期的开始。当人数众多、交往频繁时,也许成千上万的这种事件就被压缩在一个较短的真实时间段内,比如一小时或一天。因此如果没有一个将事件时间转化为真实时间的标准的话,所作出的关于短期与长期的论述是没有意义的。

这些模型的一个潜含假定是有些参数的变化要大大慢于其他参数，故而前者相对于后者而言可看成是固定的。譬如当我们对一个博弈中的策略行为进行建模时，我们通常假定得益结构保持不变而博弈方的预期发生变化。该假定在某些情况下更合理，而在例如电脑技术竞争的情形中，得益可能变化得如此之快以至于它们必须被看作体系中的一个动态要素。在其他情况下，博弈可能演化得很慢。考虑下面这个关于在路的哪边行驶的问题。在微观层次上，这可以看成是在行驶而来的两个车辆之间的博弈：驾驶者双方都想协调于相同的惯例——靠左或靠右——以避免事故。无论博弈是在马车间进行还是在高速机动车之间进行，本质上它都是一个协调博弈（coordination game），其得益结构不会随时间而过多变化。（当然，绝对得益在变化——车辆开得越来越快，事故的负效用就越来越大——但重要的是两个进行竞争的惯例具有相等的得益。）

因而要研究关于惯例形成的长期性质，交通规则似乎是一个优良的途径。而且，欧洲从左到右行驶惯例的历史展示了演化模型所预测的一个定量的模式。⑧在早期阶段，当路上的交通量较少而且范围有限时，惯例局部地生发出来：某一城市或某一省份会有一个惯例，而路的下游几里之外的另一司法区域则会有相反的惯例。随着道路使用的增加以及人们旅行距离渐远，这些局部准则趋向于先融合为地区性的，再结合为全国性的，尽管这些准则的绝大部分直到 19 世纪才被写入交通规则之中。在司法高度分散的地方，正如演化模型所预测的那样，融合的过程将需要较长时间，比如，意大利具有典型的高度地方化的靠左行驶的规则，一直持续到 20 世纪。

一旦惯例在全国范围内形成，交往就变为国家之间的了，它们都受到邻国的影响：假如有足够多的邻国遵循相同的惯例，则遵同之是合算的。时间久了，我们可以看到整个板块内只有单一的惯例。尽管这一直觉本质上是正确的，但它忽略了独癖性冲击（idiosyncratic shock）的效应，而该冲击可以促使一个惯例被另一个惯例所取代。引人注意的是，恰好这种冲击曾在欧洲车辆行驶的历史中发生过：是在法国大革命时期。在那以前,法国以及欧洲其他许多地区的马车按习俗在行驶时是靠左的。这意味着行人面对行驶而来的马车常靠右走。因而靠左走就与特权阶级相联系,而靠右走则被认为是更加"民主"。法国大革命以后,这一惯例因象征性的原因而被改变。后来拿破仑对他的军队采用了新的习俗,并传到了被他所占领的一些国家中。

从此以后,可看到一个渐进但又稳定的变更——或多或少地是自西向东地传播——采用靠右的规则。例如,与葡萄牙接壤的唯一邻国是靠右行驶的西班牙,葡萄牙在一战后改为靠右行驶。奥地利一个州一个州地转变,开始于西部的福拉尔贝格州(Vorarlberg)和蒂罗尔州(Tyrol),到东部的维也纳结束,一直持续到 1938 年德奥合并。匈牙利和捷克斯洛伐克也是在同一时期被迫转变的。在 1967 年瑞典成为欧洲大陆上最后一个从靠左改为靠右行驶的国家。由此我们看到了对于一个外生冲击(法国大革命)的动态反应,而该冲击一直持续了几乎两百年。

当然,人们靠左还是靠右行驶对社会福利而言并不是特别重要。重要的只是社会有一个成型的惯例,使预期与行为达到了均衡。然而要记住有一些均衡从社会福利的角度来看是十分糟糕的。实际上,有些博弈在均衡时**每个人**都做得很糟糕,从这种意义上讲,这些博弈是悖理的(perverse)(因徒困境是一个典型的例子。)演化的观点并不否认这个问题;它们可以解释坏的均衡是如何产生的,但并不消除这种均衡。

比如考虑两个人合作生产一种联合产品的情况。他们可以工作也可以偷懒。如果双方都工作,他们的产出就高;若都偷懒,产出就低。假如一人工作一人偷懒,则产出与双方都偷懒一样,但工作的人投入了更多的努力(徒劳的)因而境况不如偷懒的人。[9]假定产品均分,我们就有一个具有如下得益结构的博弈(具体数字并不重要):

	工作	偷懒
工作	10,10	0,7
偷懒	7,0	7,7

如果你预期你的合伙人工作,则你也工作是合算的;如果你预期你的合伙人偷懒,则最好你也偷懒。这样就可能出现两个不同的规范:工作或偷懒。结果证明在上述类型的演化模型中,偷懒是随机稳定的:在任何给定时间,偷懒均比工作更可能成为规范策略。直观理由是人们的策略中总有一些随机变动,因而又存在关于合伙人行为的不确定性。在这种情况下,偷懒是一个比工作更保险的策略。假设一个人相信有大于30%的可能性其合伙人要偷懒,那么最好他自己也偷懒。另一方面,一个人只有当相信合伙人工作的概率大于70%,他自己才会工作。用Harsanyi和Selten(1988)的术语来说,偷懒行为是**风险占优的**(risk dominant)。

但为什么每个人都在工作的情况下,有人会相信有30%的可能其合伙人会偷懒呢?答案与人群中的异质性有关。即使大多数人努力工作,也几乎仍然会有一些人因为这样或那样的原因而偷懒。现在假设这群偷懒者之外的某个人恰好与他们接触一段时间。(如果偷懒者相邻集聚时,这就特别可能发生。)这个人将会渐渐相信(给定他的有限信息),有一定比例的人偷懒,这将引致他也跟着偷懒。这一行动然后又被别人注意到,进而增强了这种人们在偷懒的想法。偷懒就通过传染而普遍起来。当然这一过程也可能向相反的方向进行,工作也会因感染而普遍起来。关于30%—70%的比较点是,累积性变化达到70%的分水岭要比达到30%花更长的时间,因而从偷懒到工作的等待时间要比倒过来更长。

一般而言,制度的惯性(the inertia of the system)——从一种习俗变到另一种习俗所需的等待时间——以相当复杂的方式取决于社群的大小、人们与邻居或远方的人交往的程度、他们收集到的信息量,等等。这个问题将在第4章到第6章中作更详细的探讨,在那些章节中我们指出了在不同的条件下,2×2博弈中风险占优规范是随机稳定的。长期来讲,它具有演化优势,而无论结果是否为社会最优。然而,尽管随机稳定性和风险占优通常同时发生在2×2的交互作用中,但是一般来讲它们并不相同,我们会在第7章中说明这一点。

　　随机演化模型能对规范或制度的演化作出定量的预测(有时是惊人地准确),但是最大的重要性在于它们定性的性质。与均衡相比,它们有不同的"相貌"和"感觉"。这些定性的特征是完全不同的,事实上,可以合理地预测:它们能通过经验数据进行检验。尽管这项任务远远超出了本书的范围,但我们可以提出一些原则上能够验证的特征。

　　为了便于说明问题,考虑一组不同的社会,其成员间互不交往。过了一段时间,每个社会将发展起不同的制度来进行各种形式的经济和社会的协调(契约形式,工作标准,社会行为的惯例,诸如此类)。我们可以认为这些制度是具有多个(潜在)均衡的博弈中一个特定的均衡结果。在任一给定时间,一个信息社会很可能在如下意义上是"近似均衡"的:几乎每个人都遵循着他们被预期的行为模式,并且在给定对别人行为的预期时,几乎每个人都想遵循这一行为。注意我是说"几乎"而不是"全部":不可避免地会有一些不适应社会者和不守常规者不遵从已定的模式。而且,根据这一理论,这些变异的类型在促进长期变化中扮演一个重要角色:有时他们会变得足够多以至于将社会从一种近似均衡推翻到另一近似均衡。特别是由于各自不同的历史,在给定的某个时间点,不同的社会会趋向于不同的均衡。这一事实有两个方面的含义。一方面,假定所有其他的解释变量保持不变的话,两个相似角色的人如果来自相同的社会则比来自不同的社会更可能显示相似的行为。这是**"局部遵同效应"**(local conformity effect)。另一方面,因为相同的适应过程在所有的社会中都同时进行,所以制度形式的频率分布长期而言将是相当稳定和可预测的。特别当该理论预测有随机冲击存在的情况下,有些制度天生的要比其他制度更为稳定或持久。一旦形成,它们就将持续存在较长的时间。长期而言,这些制度将以更高的频率在不同村落中发生。当随机冲击很微小时,这一频率分布模式将趋近于理论所预测的随机稳定制度。

　　这两个效应原则上可以从横截面数据中识别出来。然而,第三种定性的预测却涉及演化路径的面貌并且只能由时间序列数据显示出来。

17

这一过程将倾向于显示长期的稳定状态,在该状态下它接近于某种均衡,而这种稳态又不时地被一些相对短暂的时段所打断,在这些时段中均衡发生移动,以此作为对随机冲击做出的反应。我们称之为**间断均衡效应**(punctuated equilibrium effect)。[⑩]这是居民分隔模式的一个著名特征,而且在其他情况下以及在不同的时间标度下也会发生。欧洲大陆靠右行驶的普及过程似乎就是个例子,其中的推翻过程持续了两个世纪。对比之下,居住模式经常在几年内就被推翻了。

本书结构

本书的论述结构如下:第 2 章讨论在个人层面上的各种适应性行为的模型。包括复制动态,心理学的强化模型,模仿和最佳回应动态。为叙述简洁起见,我们选择重点集中在最佳回应模型上,尽管相似的分析也可在其他种类的适应性规则中进行。这一选择也取决于这样一个事实:即最佳回应模型在个人选择理论中具有牢固的基础。因而我们可以着手处理其他框架无法分析的各种事件,包括风险规避以及信息量对于演化选择过程的效应。

适应模型是对前述反馈回路的一个具体展开。博弈方根据前例及其他人过去行为的信息来形成对他人行为的预期。这一信息通常是零碎不完整的,因为某一个特定的人一般只知道相关前例中的一小部分,这是他从其社会关系网中了解到的。而且记忆是有限的:博弈方并不知道(或者也许不关心)很久以前的事;仅仅考虑最近的事件。在其信息基础上,博弈方形成了一个关于别人可能如何行为的简单统计模型。通常对给定的这些预期他选择一个最佳回应,但有时他会作出臆断的或甚至无法解释的选择。这一简单的适应性行为模型构成后面所有分析的基础。

在第 3 章里我们发展了一个概念性框架以更一般化地研究关于学习与适应的随机模型。该章在开始时,讨论在确定性动态系统中的渐进稳定性，它是许多演化博弈论文献中的标准概念。本书认为如果用它来对长期行为进行预测，而长期中系统又受到持续的随机冲击（如同几乎所有这种系统一样），则这个概念是不能令人满意的。**随机稳定性**这一关键概念在这里作了介绍（Foster and Young, 1990）。不严格地讲，一个遍历的随机过程的随机稳定状态是指这样的状态：即当随机扰动的程度任意小时，这种状态以不可忽略的概率出现。我们发展了一个一般框架来计算任何马尔可夫式的，具有固定转移概率的且在有限状态空间进行的随机稳定状态。这一方法将用邻居分隔模型加以说明。

第4章将这一技术运用到对两人协调博弈的研究上，在这种博弈中每个博弈方只有两个策略。在这种情况下，随机稳定结果与海萨尼和泽尔腾的风险占优概念恰巧一致。我们在各种例子中探讨了这种结果的含义，包括通货博弈，工作—偷懒博弈，和社会礼仪博弈（social etiquette game）。然后我们说明如何用关于人口容量和错误率的函数来显式地计算长期扰动。这一分析说明即使在随机扰动很大的时候，有利于产生风险占优均衡的选择性偏向（selective bias）仍然是相当明显的，只要参加博弈的人数也很多。

在第5章里我们考察了对基本学习模型的各种加工和润色。首先，我们考察了拥有更多或更少信息的效应，即拥有大量信息与拥有少量信息，哪个长期而言更为有利。结果表明，答案是复杂的，拥有更多信息在某些博弈中是有利的，但在其他博弈中则不然。随后我们说明了如何分析这种情形，即就个人的得益函数和博弈方拥有的信息量而言，人群是异质的情形。接着，我们考察了以不同的方式对随机扰动进行建模，各选择结果的敏感性。我们特别考察了博弈方以不同概率偏离最佳回应的情形。我们还考察了他们以某种概率选择某一非最佳回应的可能性，并假设这个概率是随得益的预期损失的增加而递减的（Blume, 1993）。无论在哪种改进之下，对称的 2×2 协调博弈中的随机稳定结果均保持风险占优均衡，恰好与随机误差不变的情形一样。

最后我们考察了记忆不是有限的博弈方，对各种前例无论其日期久远与否都给与相同重视的情况。这一过程显示出与有限记忆过程有实质性差异的长期行为。特别是它并不是遍历的：该过程以取决于初始状态的概率收敛于一个均衡（或近似均衡）的制度。然而，我们认为这个结果主要是有理论上的趣味性，因为实际上过去的行为与最近的行为**并不**拥有同样的权重。

第 6 章分析了博弈者生活在某个地理或社会空间中，并仅仅与其"邻居"进行交往的情况。⑪我们假定一个受扰动最佳回应过程，在这个过程中，给定邻居正在做什么的情况下，每个博弈者都以一种概率选择某一行动，这种概率随着预期得益的降低以指数型递减。这个规定使我们能够将不同状态的长期概率用吉布斯（Gibbs）分布来代表。我们又一次发现在对称的 2×2 博弈中随机稳定结果出现了，而且每个人进行着风险占优均衡的博弈。这一框架对于研究制度**惯性**，即该过程从一个任意初始状态达到随机稳定结果（预期中）要多久，也是十分适用的。在对Ellison(1993)前期工作的拓展过程中，我们证明了局部交往制度的惯性可能比每个人之间都互相交往的制度的惯性要小得多。特别地，如果每个人仅仅与一个充分小的、密切联系的团体交往，则上述过程的惯性是有上界的，而与整个人口规模无关。

在第 7 章中，我们将分析扩展到任意有限个 n 人博弈。在这里，研究长期选择过程的关键概念是在最佳回应下的闭的策略集合。特别地，一个**限制集**（curb set）是策略集合的笛卡尔积，其中包括对于集合中策略的所有可能的概率混合的所有最佳回应(Basu and Weibull, 1991)。**最小限制集**是不包含更小限制集的集合。在 Hurkens(1995) 的工作基础上，我们证明在一个一般的 n 人博弈中，适应性学习选择了一个最小限制集；即在几乎所有的 n 人博弈中，总有一个特别的最小限制集。其策略是随机稳定的。我们描述了计算这种集合的一般方法。在某些类型的博弈中，最小限制集与严格的纳什均衡一一对应。在这种情形下，学习模型产生了均衡选择理论。而且，在某些重要的情形中，低理性环境中所选择的均衡与古典理论中的高理性世界所出现的均衡是相同的。

　　第 8 章考察了这样一个例子：纳什讨价还价解。在传统的非合作讨价还价模型中，博弈双方轮流提议如何在他们之间分配一块馅饼（Stahl，1972；Rubinstein，1982）。如果一博弈方拒绝一项提议，则另一博弈方进行还价。如果一博弈方接受提议，则博弈结束。假定存在一个小概率，使得讨价还价在每次遭拒绝之后"破裂"，则该博弈方的子博弈精炼均衡结果接近于最大化博弈方效用之积的分配（纳什讨价还价解）。注意这一论述依赖于如下假定：博弈双方都知道博弈的结构，他们的效用函数是共同知识，而且他们的理性也是共同知识。

　　演化模型使得所有这三项假定都不再必要。如上所述，我们假定当时经济人拥有预期，这些预期是由他们早期所知道的前例形成的。每一个博弈方通常要求一个数量，在给定他所认为的对方将要求多少的前提下，该数量是最高期望得益，尽管有时候这些要求是带有个人癖好的。如果每一个社群中的讨价还价者具有相同的风险规避程度和等量信息，则随机稳定均衡近似于纳什讨价还价解。因此我们得到了一个经典的解概念而无需关于经济人理性水平或共同知识程度的多余假定。而且，如果经济人的特征是异质的，则该模型给出了关于纳什解的一个新奇的推广。

　　一个分配的讨价还价可能被看作是双方关于馅饼的分配的一个原始契约。第 9 章将分析扩展到更普遍契约的演化上来。一份**契约**阐明了决定人们关系的条件。这些条件可能相当明确，比如在一项银行贷款中；或者几乎是完全隐含的，比如在婚姻中。无论是显见的还是隐含的，契约都倾向于遵同标准模式。然而我们常常观察到，一个社会中的标准模式可能与另一社会中的不同。这个事实表明，演化力量在决定人们**认为**哪种契约是标准时发挥着作用。

　　为了把握这一问题，我们把讨价还价过程模型化为一个纯协调博弈。在契约中每一方要求一定条件。他们结成契约关系当且仅当他们的要求是一致的。每个博弈方关于另一方愿意接受什么样的预期则是由前例形成的，也就是说，是由其他人在类似情况下达成的条件形成的。这一反馈效应促使社会收敛于"标准契约"——在特定的关系中正常的且符合习俗的条件。当引入随机扰动以后,模型能对长期中最可能观察到的契约所具有的福利性质作出预测。特别是,模型表明这样的契约将是**有效的**:不存在可提供博弈双方更高预期得益的其他条件。进一步地,模型表明预期得益或多或少地集中在得益机会集,从这一点来讲,这些契约也是**公平的**。虽然,在一个经济人运用理性原则进行契约选择的世界里,相似的预测也可以得到,但这里却没有作这种假定。相反,结果产生于(并非是任何人有意达到这一结果)许多短视的经济人之间的交往过程中,他们每个人关心的仅仅是使他们自己的福利最大化。

注释

① 对于基于博弈论概念的其他关于制度演进的解释,参见文献 Schotter (1981);North(1986,1990);Sugden(1986);Greif(1993)。

② 参见文献 Arthur,Ermoliev and Kaniovski(1984)以及 Arthur(1989,1994)。

③ 粗略地讲,一个马尔可夫过程是**遍历的**,如果在每一个状态上所花的时间的极限分布存在并且对于过程的几乎所有的实现值都是一样的话。

④ 参见文献 Menger(1871,1883);Schotter(1981);Marimon,McGrattan and Sargent(1990)。

⑤ 如果当事人在计算过程中不考虑自己以前的选择,则动态就必须被调整到稍微偏离 $p' = 0.5$。

⑥ 参见文献 Katz and Shapiro(1985);Arthur(1989)。

⑦ 况且,由于规模经济或者干中学的效应,单位成本会递减,这就使得尽早处于领先地位变得更加重要了。

⑧ 这个讨论是基于文献 Hopper(1982);Hamer(1986);Lay(1992)。同时基于 Jean-Michel Goger 与 Arnulf Grübler 之间对于法国和奥地利的道路交通规则的私人探讨。

⑨ 这种情况首先由 Rousseau(1762)描述,在文献中被称为 Stag Hunt 博弈。

⑩ 在生物学中,这代表了一种演进理论,但是这里我们使用这个术语只是为了描述一个典型的动态路径的外貌。

⑪ 特别参见文献 Blume(1993,1995a);Brock and Durlauf(1995);Anderlini and Ianni(1996)。

学 习

只要两个人同时走近一个门道,协调问题便随之产生:谁来让路?假设他们存在某种可识别的差异——比如一人为男子而另一人为女子——而且他们依照他们的身份行事。如果两个人都说"您先走",则他们将站在门外浪费时间;如果两人都冲上前去,则他们会相撞。这一交互作用可以模型化为一个博弈。每个博弈方都有两个选择——让步或不让步——并且每个人都必须在预期对方将做什么的基础上作出决策。每一对行动产生一个结果,每一个结果对每个博弈方都产生一个得益支付。假设得益如下(为何选择$\sqrt{2}$在后续篇章中自然会明白的):

		女子	
		不让步	让步
男子	让步	$1, \sqrt{2}$	0, 0
	不让步	0, 0	$\sqrt{2}, 1$

礼仪博弈

每一对数字中的第一个数字是行博弈方(男子)得益;第二个数字是列博弈方(女人)得益。这些得益的精确定义要视我们心中的行动模式而定。在这里以及后面的大多数情况下,我们将采用标准的解释,即得益代表博弈方的效用,且效用满足冯·诺依曼—摩根斯坦公理(the von Neumann-Morgenstern axioms)。特别地,若给定一博弈方所认为的另一博弈方将要采取的行动的概率,那么他将选择一种行动使其期望得益最大化。在这一解释下,该博弈有两个纯策略纳什均衡:一个是男子服从女子;另一个是女子服从男子。另外还有一个混合策略纳什均衡,其中每一方以概率 $\sqrt{2}-1$ 采取让步,而以概率 $2-\sqrt{2}$ 不让步。从混合均衡中的期望得益是 $2-\sqrt{2}=0.586$,(对博弈双方而言)它都严格小于任何一个纯策略纳什均衡的得益。因而纯策略纳什均衡对社会而言是有效率的,但是双方所偏好的均衡不同,任何具有这种一般结构(尽管不一定是这些得益)的 2×2 协调博弈被称为性别战。

第二个例子,让我们考察如下关于技术采用的博弈;它与第 1 章中讨论的个人电脑的例子非常相似。市场上有两种型号的打字机键盘——QWERTY(Q)和 DVORAK(D)。每个秘书都要决定学习使用哪种键盘,每个雇主也要决定在办公室中应提供哪种键盘。为简便起见,我们假定每一个雇主只买一种打字机,而且每个秘书都只熟悉一种键盘操作。为了叙述方便,让我们再假设,键盘 D 效率更高一些,如果雇主和秘书在键盘 D 上达到协调,那么其得益要比他们在键盘 Q 上达到协调稍微高一些。[①]

	秘书	
	D	Q
雇主 D	5, 5	0, 0
雇主 Q	0, 0	4, 4

打字机博弈

这个例子与前一个例子之间存在一些重要的区别。第一,结构不同:尽管都有两个纯策略均衡和一个混合均衡,但是在第二个例子中只有均衡(D, D)对社会来讲才是有效的。然而,社会有可能陷入低水平均衡(Q, Q),如果每个人都预期别人采用 Q 的话。第二,每个人博弈的频率也存在差异。人们在一生中都要穿过许多门,但是秘书却并不是常常学习新的打字方法,雇主也只是偶然在新技术上进行投资。因此,在第一个例子中,在个人水平上存在许多可能的"干中学",但是在第二个例子中,每个人若从亲身经历中进行学习将变得过于昂贵且太耗时间。实际上,在这两个例子中,人们可能部分地(也许甚至是主要地)通过观察别人的行动来学习。遵从的规范是在进门时学来的,也是通过对别人进出门的观察中学来的。秘书和雇主通过四处询问来了解哪种键盘最流行。简而言之,从以前的博弈中得来的信息形成了将来进行博弈的博弈方的预期。我们的兴趣在于出现在这些学习环境中的总体行为模式,其中分散的当事人是根据零散的、道听途说的信息作出短视的决策。

2.1 学习行为的多样性

我们的首要任务是明确个人如何在一个相互作用的决策环境中,根据别人的行为来调试他们自己的行为。这在总体结构中是一个关键要素,然而事实是我们对于个人究竟如何决策尚无足够多的数据(更不用说是已被接受的理论了)。因此我们不得不根据日常观察和一些实验证据来作出似乎合理的假设。其中在专门的文献中已被讨论过的适应性机制包括如下几种:

1. **自然选择**。采用高得益策略的人与那些采用低得益策略的人相比,更容易重复自己的策略;因而长期来看后者在人群中的比例将会减小。这种情形的标准模型是复制动态,人群中某一策略的增长率被假定为相对于平均得益的得益的线性函数。在这一背景下,得益是指复制的成功率,而非个人对于结果的偏好。[②]

2. **模仿**。人们模仿别人的行为,尤其是那些流行的或者看上去产生高收益的行为。模仿可能纯粹是由行为的流行性驱使的(模仿你见到的第一个人),或者在得益与模仿(或被模仿)的倾向之间可能存在某种相关性。例如,当事人可能会模仿他们所见到的第一个人,其模仿的概率与他们自己得益负相关,而与那些他们想要模仿的人的得益正相关。[3]与自然选择相对照,在这一模型下的得益描述了人们是如何选择的,而不是他们繁殖得有多快,这就与我们想要研究的适应性学习情形更为一致了。然而要使模型合理,个人的得益就必须是他人所能观察到的,这一假定并非总能得到满足。

3. **强化**。人们倾向于采用在过去产生高收益的行动,而避免产生低收益的行动。这是行为心理学中标准的学习模型,并正越来越引起经济学家的注意。[4]正如在模仿模型中,得益描述了选择行为,但重要的只是自己在过去的得益,而不是别人的得益。基本前提是现在采取某一行动的概率是随着过去实施该行动所获得益的增加而增加的。在实验条件下进行简单博弈的实验参与者的行为中,已经统计性地估测了这一类的模型。但依据仍然相当有限以至于无法获得与他们的经验效用相关的一般性结论。

4. **最佳对策**。人们采取的行动是,给定对别人将如何行事的预期,最优化自己的期望收益。这个方法包括了许多学习的规则,假定人们预测他人行为时具有不同程度的"理性"或者"复杂性"。在最简单的这类模型中,人们根据他们对手以前行动的经验性频率分布选择最佳对策。这便是"虚拟博弈",我们将在下一节中更详细地讨论这一动态。其他版本设置了更多的复杂规则,人们按这些规则更新他们对他人行为的信念。[5]

这四类学习规则绝对没有穷尽所有的情况。例如,可以假设人们以神经网络的方式学习(Rumelhart and McClelland,1986)或者通过基因系统学习(Holland,1975)。究竟哪一种最能准确地反映适应性行为,我们不打算作出判断。如果不得不选择的话,我们猜测,人们将根据他们如何将某一种情况分类(比如说,是竞争性的还是合作性的),以及根据来自他们个人的经验和他们关于别人在相似情况下的经历的知识,调试他们的适应性行为。换言之,学习确实可能十分复杂。

但是,从对这些产生于简单适应规则的动态的研究中,可以获得不少真知灼见。为叙述明晰起见,我们将集中说明最佳对策动态。作此选择是基于几个方面的考虑,首先,最佳对策动态(连同复制动态)已被广泛研究并且从技术角度来讲更好地被理解了。其次,对于我们所能想到的实际应用而言,最佳对策规则要比其他动态更加合理。比如说,自然选择模型的前提思想是行为规则已被遗传性地程序化了,而且在长期中适应性较差的规则将会消亡。这可以很好地用于某种类型的智力行为——比如推理能力——但作为特定行为的一个选择机制尚缺乏说服力。比如,很难讲第一个进出门而不是第二个进出门就能增加其生物适应性,或者进出门策略是遗传的。同样难以相信的是,学习在不同打字键盘上打字对于生存会有重要意义。

与复制模型相对照,强化学习模型解释博弈方如何决策,在这个意义上,它们更适合于对社会学和经济学的学习的建模。然而,它们并非完全具有说服力。缺点之一就是它们关于人类理性的观点十分狭隘:人们被假设成仅按他们自己的得益作出反应,而从不尝试对他人的行为进行预期。第二个问题则与应用有关:在实际生活中,人们进行的某一个博弈可能并不是经常发生,以至于无法得到过去的有关得益的信息。例如,秘书(或雇主)根据其过去选择 QWERTY 或 DVORAK 的经验来进行决策,这一点值得怀疑;其实,他们面对这种选择在一生中只有一两次。

相似的批评适用于模仿模型:尽管人们在学习行为中无疑有模仿的部分,但似乎并不足以相信这是**主要**的部分。对交互作用情况的适应过程中,人们可能在很大程度上依据对别人将如何行事的预期来决定自己的行动,即使这些预期可能形成得相当粗糙。这是最佳对策模型的最基本的假定。这个框架的一个特别诱人的特征在于它使我们能够将个人的偏好从对世界的信念中分离开来。在我们将考察的模型中,随着人们相互交往并且了解别人的交往,信念进行动态的演变;他们的偏好(亦即给定其信念后他们将选择什么)则是固定的。这使得我们能够分析许多在别的框架下无法清晰处理的问题,包括拥有或多或少的信息的影响以及风险规避的效应。

原则上，当然，最好能有个学习模型可以囊括强化、模仿和最佳对策的因素。然而这需要有一个多维的关于"得益"的表达方式，因为在这些模型中得益意味着不同的东西。这个任务还在日前的工作范围之外。我们的策略是展示一个简单的但又是合理的个人学习的形式如何产生一种社会学习的形式，即如何导致在社会水平上的可预测行为模式的演变。一旦总体结构搭建起来以后，则如何将之运用到各种其他的学习过程中，包括模仿和强化，将会变得十分明了。

2.2　常返博弈

在这一节中我们描述个人所要学习的基本情况。一个 n 人博弈包括 n 个博弈方，$i = 1, 2, \cdots, n$，其中每个博弈方 i 都有一个纯策略空间 X_i 和一个效用函数 u_i，该效用函数将每个 n 维的策略 $x = (x_1, x_2, \cdots, x_n)$ 映射到一个得益 $u_i(x)$。下面，我们将假定集合 X_i 是有限的，并且我们通常将 X_i 中的元素解释为是可以被别人共同观察到的行动。（术语"行动"实际上要比术语"策略"限制性更强，后者是指在博弈过程中可能实现和可能不实现的行动的一个计划。但是在后文中的大多数情况下，纯策略将对应于可观察的行动。）

在标准的博弈论中，每一个博弈方都是一个固定的人，而且如果博弈 G 重复了几期的话，那么相同的人一直在进行着这个博弈。这就是所谓的**重复博弈**。在本书中我们感兴趣的是重复进行着的博弈，但不一定是由固定的一群人进行的。相反，我们要考虑的博弈中有 n 个**角色**，对于每一个角色 $i = 1, 2, \cdots, n$ 都有一个非空**类** C_i 的个人可以担当这个角色。通常我们将假定这些类是互不相交的，尽管对于对称博弈我们有时候会假定博弈方是从一个单一类中挑选的。在每一段离散时期 $t = 1, 2, \cdots,$ 里，都要从这 n 个人中随机选出一个博弈方来参与博弈 G。暂时我们假定每一个博弈方都是被同等可能地选取的；后面我们将在很大程度上放松这一假定。元素$(X_i, u_i, C_i)_{1 \leqslant i \leqslant n}$就构成了一个**常返博弈**。⑥
我们所要研究的就是在n个人中所选取的博弈方,他们所采取的行动的
分布以及这个分布随时间演变的方式。

2.3 虚拟博弈

现在我们引入一个经济人是如何进行选择的模型。主要思想是每
一个人都根据别人在过去如何行事的信息(通常是零散的信息)来构造
一个关于别人将会做什么的简单统计模型。这种学习模型的原型就是
虚拟博弈,它最初并不是以一种学习规则被提出来的,而是作为一种在
某些类博弈中计算纳什均衡的启发性算法提出来的(Brown, 1951; Rob-
inson, 1951)。这一思想是非常自然的:每一个博弈方都观察着别人到
时刻t为止所有已经选择的行动。每一个博弈方假定其他任何一个博弈
方都是根据某一个固定的概率分布选择行动,而且这些分布在博弈方之
间是互相独立的。因此担当角色i的博弈方(简称"博弈方i")就计算出
所观察到的博弈方j直至时刻t为止的行动频率分布,并将这个作为博
弈方j实际行动分布的最大似然估计,然后针对这些估计的分布之积选
择一个最佳对策。

具体而言,设G是一个具有纯策略空间$X = \prod X_i$和效用函数$\{u_i:
i = 1, 2, \cdots, n\}$的$n$人博弈。这个过程以离散时间段$t = 1, 2, 3, \cdots$
如下展开。在t时期,每一个"博弈方"选择一个行动,所产生的n维行动
可表示为$x^t = (x_1^t, x_2^t, \cdots, x_n^t) \in X$。(为叙述简便起见,我们说到博
弈方就假定他们是固定的人,尽管他们其实并不是。)初始状态是一个任
意的选择$x^1 \in X$。到t时为止博弈的历史是$\bar{h}^t = (x_1^t, x_2^t, \cdots, x_n^t)$。
对于每一个i,设$p_i^t(x_i)$为在历史$\bar{h}^t$中使用策略x_i所占时间的比例。
因此,对于每一个i和每一个t,我们有$\sum_{X_i} p_i^t(x_i) = 1$。设$p^t = \prod p_i^t$

为相关乘积的分布。给定 p'，博弈方 i 的最优对策是最大化 i 的期望得益的任何策略 $x_i \in X_i$，假定每一个博弈方 $j \neq i$ 根据分布 p'_j 选择自己的策略，这些分布是互相独立的。最佳对策对应的是给定 p' 时 i 的最佳对策的集合 $BR_i(p')$。

一般来讲，设 Δ_i 表示在集合 X_i 上所有概率分布的集合，并设 $\Delta = \prod \Delta_i$ 表示分布的乘积集合。对于每一个 $p \in \Delta$ 和 $x \in X$，x 的概率为 $p(x) = \prod_i p_i(x_i)$。设 $X_{-i} = \prod_{j \neq i} X_j$ 表示除了 i 之外的博弈方的行动的空间，并设 x_{-i} 是 X_{-i} 中的一个元素。类似地，设 $\Delta_{-i} = \prod_{j \neq i} \Delta_j$ 为所有博弈方 $j \neq i$ 的概率分布的乘积空间，并设 p_{-i} 表示 Δ_{-i} 的一个元素。因此，对于每一个 $p_{-i} \in \Delta_{-i}$ 和每一个 $x_{-i} \in X_{-i}$，都有 $p_{-i}(x_{-i}) = \prod_{j \neq i} p_j(x_j)$。（给定一个 n 维的 $x \in X$，我们同时也设 x_{-i} 表示只对应于 $j \neq i$ 的 x；类似地，给定 $p \in \Delta$，我们设 p_{-i} 表示只对应于 $j \neq i$ 的 p。）

假定一个概率分布 $p \in \Delta$ 的效用是其结果的期望效用。因此，很方便地就可以通过定义 $u_i(p) = \sum_{x \in X} u_i(x) p(x)$ 对 u_i 加以扩展。我们把 x_i 看成具有以概率 1 选择行动 x_i 的概率分布。例如，(x_i, p_{-i}) 就表示 X 上的一个乘积分布，这个分布在第 i 个元素 x_i 上的概率为 1。有了这些约定的符号，我们就可以将最佳对策表达如下：

$BR_i(p') = \{x_i \in X_i :$ 对于所有的

$$x'_i \in X_i, \ u_i(x_i, p'_{-i}) \geqslant u_i(x'_i, p'_{-1})\} \qquad (2.1)$$

一个**虚拟博弈过程**就是一个函数 $x^{t+1} = f(\bar{h}^t)$，它将每一个 t 期的历史映射到时 $t+1$ 期的一个行动向量 x^{t+1}，并满足在某一 t_0 时以后，每一个行动对于给定的经验分布 $p^t = p^t(\cdot \mid \bar{h}^t) \in \Delta$ 都是最佳对策，亦即：

对于所有的 $t \geqslant t_0$，$x^{t+1} = f(\bar{h}^t)$ 意味着 $x_i^{t+1} \in BR_i(p^t)$ $\quad (2.2)$

G 的一个**纳什均衡**就是一个乘积分布 $p^* \in \Delta$，满足：

对于所有的 i 和所有的 $p_i \in \Delta_i$，$u_i(p_i^*, p_{-i}^*) \geqslant u_i(p_i, p_{-i}^*)$

$$(2.3)$$

一个**纯纳什均衡**是指一个纳什均衡 p^*，满足对于某个特定的 $x \in X$，都有 $p^*(x) = 1$。如果等式(2.3)对于每一个 i 和每一个 $p_i \neq p_i^*$ 都严格成立，则这个纳什均衡 p^* 就是严格的。每一个严格的纳什均衡都是纯的，因为在一个混合纳什均衡里某些博弈方具有最优反映的一个连续统(在给定他人策略的条件下)；因此，(2.3)并不是严格成立的。

如果由虚拟博弈过程产生的每一个序列 $\{p^t\}$ 的每一个极限点都是 G 的一个纳什均衡的话，则这个博弈 G 就具有虚拟博弈的性质。换言之，一个虚拟博弈过程的每一个无穷的收敛子列都收敛于博弈 G 的一个纳什均衡。这比要求虚拟博弈过程产生的每一个序列 $\{p^t\}$ 都收敛于一个纳什均衡要弱一些。这意味着每一个这样的序列都收敛于一个闭的纳什均衡集合。

很多种重要类型的博弈都具有虚拟博弈的性质。具有该性质的一簇双人博弈包括有限零和博弈。(一个**零和博弈**是一种对于每一个行动选择 $x \in X$，博弈方得益之和为零的博弈。)

定理 2.1(Robinson，1951) 每一个有限的、零和的双人博弈都具有虚拟博弈的性质。

第二个具有虚拟博弈性质的一簇博弈包括这样的双人博弈，该博弈中每一个博弈方只有两个行动，并且得益满足如下所述的非退化条件。令 G 为每一个博弈方都具有两个行动的双人博弈(这被称之为 2×2 博弈)。假设每一对行动的得益如下：

博弈方 2

		行动 1	行动 2
博弈方 1	行动 1	a_{11}, b_{11}	a_{12}, b_{12}
	行动 2	a_{21}, b_{21}	a_{22}, b_{22}

按照惯例，a_{ij} 代表行博弈方(博弈方 1)从行为序对 (i, j) 中的得益；而 b_{ij} 则代表列博弈方(博弈方 2)的得益。博弈 G 是非退化的，如果：

$$a_{11} - a_{12} - a_{21} + a_{22} \neq 0$$
$$b_{11} - b_{12} - b_{21} + b_{22} \neq 0$$

(2.4)

该条件可以理解如下：设 G 是非退化的，且 G 具有一个完全混合的均衡，其中 $(p, 1-p)$ 是行博弈方实施行动 1 和行动 2 的概率，而 $(q, 1-q)$ 则是列博弈方实施行动 1 和 2 的概率，$0 < p, q < 1$。均衡条件为：

$$a_{11}q + a_{12}(1-q) = a_{21}q + a_{22}(1-q)$$
$$b_{11}p + b_{21}(1-p) = b_{12}q + b_{22}(1-p)$$

这意味着

$$q = (a_{22} - a_{12})/(a_{11} - a_{12} - a_{21} + a_{22})$$
$$p = (b_{22} - b_{21})/(b_{11} - b_{12} - b_{21} + b_{22})$$

因此，具有一个完全混合均衡的非退化博弈具有唯一的完全混合均衡。

定理 2.2（Miyasawa, 1961；Monderer and Shapley, 1996a）每一个非退化的 2×2 矩阵博弈都具有虚拟博弈的性质。[⑦]

为了理解虚拟博弈的动态，让我们研究在礼仪博弈中它的行为。为叙述方便起见，我们将重新给行动 A 和 B 标号，使得 (A, A) 和 (B, B) 为协调均衡，且得益矩阵具有如下形式：

	A	B
A	$1, \sqrt{2}$	$0, 0$
B	$0, 0$	$\sqrt{2}, 1$

在每一个 t 时，我们都会用数对 $p^t = [(p_1^t, 1-p_1^t), (p_2^t, 1-p_2^t)] \in \Delta$ 来代表状态，其中 $p_1^t \in [0, 1]$ 是行博弈方采取行动 A 的时间比例，而 $p_2^t \in [0, 1]$ 是列博弈方采取行动 A 的时间比例。这样，A 的数值频率就分别为 tp_1^t 和 tp_2^t。为确定起见，我们假定当 A 和 B 对某博弈方而言都是最佳对策时，该平局就会被打破而选择 A。对于每一个状态向量 $p = [(p_1, 1-p_1), (p_2, 1-p_2)]$，定义函数 $B^*(p) = [B_1^*(p), B_2^*(p)]$ 如下：

$B_i^*(p) = (1, 0)$，当且仅当 A 为 i 的一个最佳对策；

$$否则 \; B_i^*(p) = (0, 1) \tag{2.5}$$

这样，$B_i^*(p)$ 是一个具有向量值的最佳对策函数，而且它具有一个特定的打破平局的规则，而 $BR_i(p)$ 则为纯策略最佳对策的一个**集合**。

设 t_0 为虚拟博弈开始后的那个时刻。则对于所有 $t \geqslant t_0$，

$$p^{t+1} = \frac{tp^t + B^*(p^t)}{t+1} \tag{2.6}$$

增量为：

$$\Delta p^{t+1} = p^{t+1} - p^t = \frac{B^*(p^t) - p^t}{t+1} \tag{2.7}$$

当 t 很大时，这些增量就很小，Δp^{t+1} 就类似一个向量导数。而相应的连续时间过程 $p(t)$ 的瞬间运动方向为：

$$\dot{p}(t) = \mathrm{d}p(t)/\mathrm{d}t = (1/t)\big[B^*(p(t)) - p(t)\big] \tag{2.8}$$

标量因子 $1/t$ 只影响速度而不影响动态的渐进行为，如果忽略掉这个标量因子 $1/t$，我们就得到**连续的最佳对策动态**（Matsui, 1992）[8]：

$$\dot{p}(t) = B^*(p(t)) - p(t) \tag{2.9}$$

让我们更详细地考察一个离散时间过程的行为（连续时间的情况类似）。在图 2.1 的礼仪博弈中每一点（矢量场）的运动方向都有说明。从东北方长方形的任何一点起，过程都收敛于（A，A），而从西南方长方形中的每一点起，它都收敛于（B，B）。从西北和东南方长方形内的点出发，则过程趋于图形内部。事实上，方程（2.7）表明在每一个这样的点上运动趋向于这个矩形上相反的那个顶点。这样两件事中的一件就发生了：该过程可以最后穿过东北或西南方长方形，并且从那里再收敛到一个纯均衡；或者（如果它位于虚线上）过程在西北方和东南方的长方形之间来回移动，渐渐地接近于混合纳什均衡但永远不会达到这些均衡。

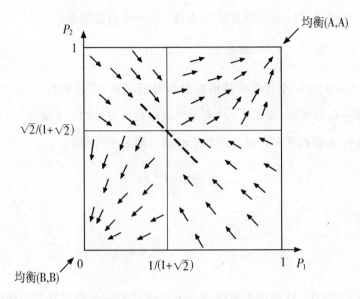

图 2.1　礼仪博弈中的矢量场

　　然而重要的是要观察到,虽然频率分布 p^t 可能会收敛于混合均衡,但是行动的实际序列并不一定对应于均衡博弈(Young,1993a;Fudenberg and Kreps,1993)。给定状态 p^t,列博弈方在 $t+1$ 期采取行动 A,当且仅当 $\sqrt{2}\,p_1^t \geqslant 1-p_1^t$。而行博弈方则选择行动 A,当且仅当 $\sqrt{2}\,(1-p_2^t) \leqslant p_2^t$。这些不等式实际上是严格满足的,因为 p_i^t 总是有理数(这就是得益为 $\sqrt{2}$ 的原因)。假设过程在时期 1 以一个非协调开始,比如(A,B),则在第 1 期的期末,$p_1^1 = 1-p_2^1$。这样他们在第 2 期内没有协调,就意味着 $p_1^2 = 1-p_2^2$。以这种方式继续,我们看到在每一 t 期中,$p_1^t = 1-p_2^t$,因而他们在 $t+1$ 期再一次非协调。就图 2.1 而言,过程沿着虚线 $p_1 + p_2 = 1$ 移动,有时候跳至混合均衡之上,然后渐渐跳回来(因为是离散时间的跳跃)。但是尽管累积频率 p^t 收敛于混合均衡,博弈方实际上在每一期中都非协调,而且他们的得益为零。

　　如果两个博弈方实际上在每一期中都进行混合均衡的博弈,行博弈方会以概率 $1/(1+\sqrt{2})$ 和 $\sqrt{2}/(1+\sqrt{2})$ 选择 A 和 B,而列博弈方会独立

地以概率 $\sqrt{2}/(1+\sqrt{2})$ 和 $1/(1+\sqrt{2})$ 选择 A 和 B,这样协调的概率就是 $2\sqrt{2}/(1+\sqrt{2})^2$,且每一个博弈方的期望得益为 $\sqrt{2}/(1+\sqrt{2})$。因而,虽然在虚拟博弈中博弈方的均时行为收敛于混合均衡,但这并不反应他们会一期接一期地这么做。

2.4 势能博弈

让我们引入另一类博弈,对这类博弈虚拟博弈得以很好地进行,而且也将在后续章节中发挥作用。[9] 设 G 为一个具有有限策略集合 X_1,X_2,$\cdots$,X_n 的 n 人博弈,效用函数为 $u_i: X \rightarrow R$,其中 $X = \prod X_i$。G 是一个**(加权)势能博弈**(potential game),假如存在一个函数 $\rho: X \rightarrow R$ 和正实数 λ_1,λ_2,$\cdots$,λ_n,满足对于每一个 i,每一个 $x_{-i} \in X_{-i}$ 且每一对 x_i,$x_i' \in X_i$,有

$$\lambda_i u_i(x_i, x_{-i}) - \lambda_i u_i(x_i', x_{-i}) = \rho(x_i, x_{-i}) - \rho(x_i', x_{-i})$$

$$(2.10)$$

换言之,效用函数可以被重新标度,使得只要一个博弈方单方面改变策略,则他的效用的变化就等于势能的变化。这里的要点在于相同的势能函数 ρ 适用于所有的博弈方。特别地,假设博弈方选择某些 n 维的行动 $x^0 \in X$。一个**单方面的偏离路径**(UD-path)是形式为 x^0,x^1,$\cdots$,x^k 的一个序列,其中每个 $x^j \in X$,而且 x^j 恰好在一个元素上不同于其前一个 x^{j-1}。给定不同 n 维的 x 和 x',从 x 到 x' 通常会存在多条 UD 路径。如果 G 是一个势能博弈,则沿着这一路径的(加权)效用的总变化,对所有偏离者加总以后,必定是相同的而与所走的路径无关。

势能博弈的最为明显的例子就是对于每一个博弈方 i 具有相同的得益函数 $u_i(x) = u(x)$ 的博弈。一个不大明显的例子是下面的这类古诺寡头博弈。考虑具有相同成本函数 $c(q_i)$ 的 n 个厂商,其中 $c(q_i)$ 对于 q_i

是连续可微的,且 q_i 是厂商 i 的产量。令 $Q = \sum q_i$,并假设逆需求函数为 $P = a - bQ$,其中 P 是单位价格,且 $a, b > 0$。因而厂商 i 的利润(我们将其看成是 i 的得益)为:

$$u_i(q_1, q_2, \cdots, q_n) = (a - bQ)q_i - c(q_i)$$

很容易验证下式正是该博弈的势能函数:

$$\rho(q) = a \sum_{i=1}^{n} q_i - b \sum_{i=1}^{n} q_i^2 - b \sum_{1 \leqslant i < j \leqslant m} q_i q_j - \sum_{i=1}^{n} c_i(q_i)^{⑩} \quad (2.11)$$

第三个例子,我们说每一个对称的 2×2 博弈都是一个势能博弈。事实上,从这种博弈中获取的得益可以写成如下形式:

	A	B
A	a, a	c, d
B	d, c	b, b

(2.12)

很容易看出该博弈的一个势能函数为:

$$\begin{aligned}\rho(A, A) &= a - d \\ \rho(A, B) &= 0 \\ \rho(B, A) &= 0 \\ \rho(B, B) &= b - c\end{aligned} \quad (2.13)$$

我们说每一个加权的势能博弈至少具有一个纯策略纳什均衡。为了明白这一点,考虑任何策略向量 $x^0 \in X$,如果 x^0 不是 G 的一个纳什均衡,则存在一个博弈方 i 能够通过改变到某一策略 $x_i' \neq x_i^0$ 而获得更高得益。以这种方式继续,就得到一个**有限改善路径**(a finite improvement path),即一个 UD 路径 $x^0, x^1, \cdots, x^k$,使得每一阶段的唯一偏离者能严格提高其效用。这就可以推出势能沿着任何有限改善路径是严格递增的。由于策略空间 X 是有限的,路径必须在某个 $x^* \in X$ 结束,从该点起进一步的偏离是不值得的;也就是说,x^* 是 G 的一个纯策略纳什均衡。⑪以下结果表明在一个势能博弈中,虚拟博弈总是收敛于纳什均衡集(纯的或者是混合的)。

定理 2.3(Monderer and Shapley,1996b) 每一个加权势能博弈都具有虚拟博弈的性质。

2.5 虚拟博弈的非收敛性

然而,有很多博弈并不具有虚拟博弈的性质。第一个这样的例子来源于文献 Shapley(1964),并可以表述如下。

时尚博弈(the Fashion Game)

1 和 2 两人要去参加同一个宴会,他们每一个人都注意对方的穿着。博弈方 1 是一个时尚追随者并喜欢穿和博弈方 2 所穿颜色相同的衣服。博弈方 2 是一个时尚领导者并喜欢穿一些与博弈方 1 形成恰当对比的衣服。例如,如果博弈方 1 穿红色,那么博弈方 2 就偏向穿蓝色(而不是黄色);如果博弈方 1 穿黄色,则博弈方 2 会想穿红色,而如果博弈方 1 穿蓝色,则博弈方 2 会想穿黄色。得益矩阵具有如下形式:

		博弈方 2	
	红	黄	蓝
红	1, 0	0, 0	0, 1
博弈方 1 黄	0, 1	1, 0	0, 0
蓝	0, 0	0, 1	1, 0

这个博弈具有一个唯一的纳什均衡,其中博弈双方都以 1/3 的概率采取每一种行动。

现在假定博弈双方都将虚拟博弈用作一个学习规则,而且他们在开始阶段都穿红色。然后该过程就展开如下(我们假定依照等级黄(Y)>

37

蓝(B) > 红(R)将平局打破)。

							t								
	1	2	3	4	5	6	7	8	9	10	11	12	13	14	⋯
博弈方1	R	R	B	B	B	B	B	Y	Y	Y	Y	Y	Y	Y	
博弈方2	R	B	B	B	Y	Y	Y	Y	Y	Y	Y	Y	Y	R	

粗略地讲,该过程遵循红→蓝→黄→红的时尚周期,而博弈方2领导这个周期,博弈方1则跟随。更确切地讲,定义一个**串**(run)为博弈双方都没有改变行动的一个连续时期的序列。以上序列的串遵循着如下所示的周期性模式。

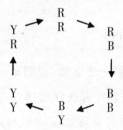

而且,在每一次连续的周期中时期的数量都指数型地增长。令 $p_i^t = (p_{iR}^t, p_{iY}^t, p_{iB}^t)$ 为博弈方 i 到 t 时为止所采取的每一个策略的相对频率。Shapley(1964)证明了 (p_1^t, p_2^t) 不收敛于纳什均衡;相反,它收敛于积空间 $\Delta_3 \times \Delta_3$ 中的一个周期,其中 $\Delta_3 = \{(q_1, q_2, q_3) \in R_+^3 : \sum q_i = 1\}$。

尽管这个例子可能说明了作为一个学习规则虚拟博弈还有缺点,但是它也表明均衡作为解的概念也存在着缺陷。时尚如果一成不变就不再是时尚。它是一个交互作用的形式,其中我们预测到有周期性的行为存在。[12]在这种博弈中虚拟博弈发生周期性的变化,这个事实可以被看成是支持这种观点的依据,因为在这些情况下周期行为至少与纳什均衡行为一样合理。

然而还有其他一些博弈,更显然它们的纳什均衡是"正确"的解,但是虚拟博弈却无法找到它。将一个双人协调博弈定义为每个博弈方都具有相同行动数量的博弈,且可以被标记号,使得对于采用相同标号行动的博弈方来说就有一个严格的纳什均衡。换言之,将博弈方的行动标示为 $j = 1, 2, \cdots, m$,并设采用标号 (j, k) 的行动的得益对于行博弈方来说为 a_{jk},对于列博弈方来说是 b_{jk}。在一个协调博弈中,对于每一对不同的标号 j 和 k,有 $a_{jj} > a_{kj}$ 和 $b_{jj} > b_{jk}$。考察下面这个例子,它取自文献 Foster and Young(1998)。

快乐转盘博弈(the Merry-Go-Round Game)

李克和凯茜坠入爱河,但是他们被禁止互相交流。有一天,在一个指定的时间,他们可以去乘坐快乐转盘,快乐转盘上有 9 对马(见图 2.2)。在乘坐之前,每个人在不互相交流各自选择的情况下自己选择一匹马,而且不再有别的骑手。如果他们选择的是同一对马,他们就可以肩并肩地骑,这是他们俩都希望的结果。如果他们选择不同对的马,则他们的得益取决于他们能互相看到对方的方便程度。假如李克坐在凯茜的后面,那么他能看见她,但是她看他却有困难,因为马都是面向顺时针方向的。假设这个结果下李克的得益为 4,凯茜的得益为 0。如果他们在圆圈相对的两边,则他们可以容易地看到对方,而其中较少伸长脖子的人具有更多的得益(5 对 4)。假如他们肩并肩坐着,那么就能尽情地互看对方,这时双方都有 6 的得益。因而得益矩阵如下:

6, 6	4, 0	4, 0	4, 0	5, 4	4, 5	0, 4	0, 4	0, 4
0, 4	6, 6	4, 0	4, 0	4, 0	5, 4	4, 5	0, 4	0, 4
0, 4	0, 4	6, 6	4, 0	4, 0	4, 0	5, 4	4, 5	0, 4
0, 4	0, 4	0, 4	6, 6	4, 0	4, 0	4, 0	5, 4	4, 5
4, 5	0, 4	0, 4	0, 4	6, 6	4, 0	4, 0	4, 0	5, 4
5, 4	4, 5	0, 4	0, 4	0, 4	6, 6	4, 0	4, 0	4, 0
4, 0	5, 4	4, 5	0, 4	0, 4	0, 4	6, 6	4, 0	4, 0
4, 0	4, 0	5, 4	4, 5	0, 4	0, 4	0, 4	6, 6	4, 0
4, 0	4, 0	4, 0	5, 4	4, 5	0, 4	0, 4	0, 4	6, 6

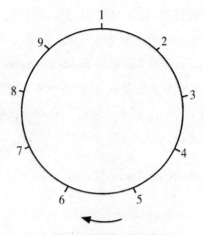

图 2.2　快乐转盘博弈

类似的故事也可以适用于两个想协调在某一天约会的博弈者身上。例如,假设两个汽车生产商每年宣布一次他们的新款式。如果他们在同一天宣布,则会引起许多媒体报道。如果一方比另一方早一些宣布,那么他们在总体上会得到较小的宣传效应,且较早宣布的生产商对后来宣布的生产商会产生一个宣传阴影(publicity shadow)。换言之,非协调会对双方有害,但某一方要比另一方的损失更大。

当博弈方试图通过虚拟博弈了解这一博弈时,他们可能会陷入一个周期性的模式,在这一模式中他们一直居于(或多或少)圆周相对的两边,且永不会协调。亦即,在一定的初始条件下,另一人以前行动的分布使得每一个博弈方都宁愿前进一个位置(为了更好地看到对方),而不是试图精确地协调,这将在每一个位置冒"出偏差"的风险。

2.6　适应性博弈

有人可能想知道,为什么博弈方不够聪明以至于无法看出他们已陷入一个循环了呢? 也许如果他们用一个更加复杂的方法来分析数据的

话,他们会避免陷入这样的陷阱。不过我们在这里将不再沿着这一方向
继续走,尽管这肯定是一个应该被探索的方向。让我们回忆一下,我们
脑海中的情景是一个常返博弈,这个博弈的参与方是一些不断变化着的
人,这些人具有有限的信息,而且只具有较低的推理能力,比较短视,并
且有时候会做一些无法解释甚或愚蠢的事。这样的博弈者可能无法作
出复杂的预测;但是他们也许可以共同地向一个有趣的甚至合理的解的
方向摸索。事实上,即使当博弈方比他们在虚拟博弈中更加缺乏理性,
更加缺乏信息,情况也是如此。

为了使这些思想更加明确,让我们设定一个具有有限策略集合 X_1,
X_2,…,X_n 的 n 人博弈。联合策略空间是 $X = \prod X_i$,且得益函数为 u_i:
$X \to R$。在每一期,从 n 个相互分离的类 C_1,C_2,…,C_n 中的每一个中
随机抽取一个博弈方来进行 G 博弈。令 $x_i^t \in X_i$ 代表博弈方 i 在 t 时所
采取的行动。在 t 时,博弈或者说记录是向量 $x^t = (x_1^t, x_2^t, …, x_n^t)$。
在 t 期末系统的状态是最后 m 次博弈的序列:$h^t = (x^{t-m+1}, …, x^t)$。
m 的值决定了博弈者愿意(或能够)回溯的时间长短。

设 X^m 代表所有状态的集合,亦即所有长度为 m 的历史的集合。过
程从一个具有 m 个记录的任意状态 h^0 开始。假定过程在 t 期末处于状
态 h^t,让我们来分析在 $t+1$ 期某一个被选出来担当角色 i 的博弈方。每
一个博弈方都可以获得关于以前某些博弈方的行为信息,这些信息是在
已有的朋友、邻居、同事等关系网中传导的。换言之,能得到信息是一个
当事人所处境况的一部分,而不是一个最优化选择的结果。我们将信息
传导过程模型化为一个随机变量:当期博弈方 i 从行动集中选取了一个
容量为 s 的样本,行动集中的行动由最后 m 期的每一个其他角色的博弈
方所采取。这 $n-1$ 个样本是独立选取的。设 $\hat{p}_{ij}^t \in \Delta_j$ 表示在 i 的样本中
j 的行动所占的样本比例,并且设 $\hat{p}_{-i}^t = \prod_{j \neq i} \hat{p}_{ij}^t$(变量上方的"帽子"意
味着它是一个随机变量)。

独癖性行为模型化如下。设 $\varepsilon > 0$ 为一个小的正概率,被称为错误

率。博弈方 i 以概率 $1-\varepsilon$ 选择一个对于 $\hat{p}^t_{-i}$ 来说的最佳对策,而以概率 ε 从 X_i 中随机选择一个策略。如果在最佳对策中有平局,则我们假设每一个都以相等的概率被选择。⑬这些误差就像生物演进模型中的变异。在这里,这些误差被解释成对自适应过程的微小扰动,包括外生随机冲击以及人类行为中不可解释的变异(特质)。犯错误的概率被假定为在博弈方中是互相独立的。综合地看,这些要素定义了一个被称为具有记忆 m、样本容量 s 和错误率为 ε(Young,1993a)的**适应性博弈**的马尔可夫过程。这个模型有四个关键性的特征:对其他人最近的行为预期的**有限理性反应**,这些是从**有限的数据**中估计出来的而且受到**随机冲击**的扰动。在后续章节里,我们将详细考察该过程的性质,并且说明它是如何引出博弈论中一个均衡(和非均衡)选择的新概念的。

注释

① 我们将不涉及诸如 DVORAK 是否真的要比 QWERTY 更有效率等复杂的细节问题,尽管毫无疑问它曾经显得更有效率一些(这是基于对于打字员手的移动动作的研究)。对于该问题的一个详细探讨参见文献 David (1985)。

② 复制动态首先是以这种形式在 Taylor 和 Jonker(1978)的生物选择模型中被提出来的。

③ 关于这种方法的分析方式,参见文献 Weibull (1995);Binmore and Samuelson(1997);Björnerstedt and Weibull(1996)。

④ 参见文献 Bush and Mosteller(1955);Suppes and Atkinson(1960);Arthur(1993);Roth and Erev(1995);Börgers and Sarin(1995,1996)。

⑤ 对于虚拟博弈的变形和其他信念更新过程,参见文献 Fudenberg and Kreps(1993);Fudenberg and Levine(1993,1998);Crawford(1991,1995);Kaniovski and Young(1995);Benaïm and Hirsch,1996。关于学习的实验数据,参见文献 van Huyuk,Battalio and Beil(1990,1991);van Huyck,Battalio and Rankin(1995);Mookherjee and Sopher(1994,1997);Cheng and Friedman(1997);Camerer and Ho(1997)。

⑥ 参见文献 Schotter(1981);Kalai and Jackson(1997)。

⑦ Miyasawa(1961)证明在某些打破平局的规则下,每一个 G 中的虚拟博弈序列必然收敛于 G 的一个纳什均衡。Mondere 和 Shapley(1996a)证明了在**任何**打破平局的规则下,每一个非退化博弈都具有虚拟博弈的性质。Monderer 和 Sela(1996)给出了一个退化的 2×2 的博弈的例子和一个虚拟博弈过程,它无法收敛,因为没有一个极限点是 G 的一个纳什均衡。

⑧ B^* 是基于一个特定的打破平局的规则。更一般地讲,给定任何一个有限的 n 人博弈 G,对于每一个 $p \in \Delta$,设 $\overline{B}(p)$ 为所有 $q \in \Delta$ 的集合,使得 $q_i(x_i) > 0$ 意味着对于所有的 i 和所有的 $x_i \in X_i$ 都有 $x_i \in BR_i(p)$。最优决策动态为 $p(t) = \overline{B}[p(t)] - p(t)$。这是一个**微分包纳**(differential inclusion),亦即一个集值的微分方程。由于 $\overline{B}(p)$ 是上半连续、凸的且闭的,所以系统从任何初始点出发都至少有一个解(Aubin and Cellina, 1984)。对于这个过程中的纳什均衡的稳定性的分析,可参见文献 Hofbauer(1995)。

⑨ 其他具有虚拟博弈性质的博弈(在适当的打破平局的条件下)包括占优性可解的博弈(dominance-solvable game)(Milgrom and Roberts, 1990),具有策略互补性和递减报酬的博弈(Krishna, 1992),以及各种各样的古诺寡头博弈(Deschamps, 1975; Thorlund-Petersen, 1990)。

⑩ 参见文献 Monderer and Shapley(1996b)。

⑪ 这个想法可以作很大的推广,我们将在第 7 章中说明这一点。

⑫ 关于时尚周期的讨论可以参见文献 Karni and Schmeidler(1990)。Jordan(1993)给出了一个三人博弈的例子,其中每一个人都有两个策略和虚拟博弈周期。

⑬ 在不同的行动上以相同的概率犯错误,这一点并不是很关键。参见第 5 章中对这个问题的讨论。

3

动态与随机稳定性

3.1 渐进稳定性

在分析前一章中所引入的学习模型的动态行为之前，我们需要一个思考一般动态系统的渐进性质的框架。设 Z 表示一个动态系统的可能状态的集合（有限的或者无限的）。为了分析方便起见，我们假定 Z 属于一个有限的欧几里得空间 R^k。一个**离散时间动态过程**是一个函数 $\zeta(t, z)$，它被定义为对所有离散时间 $t = 0, 1, 2, 3, \cdots$ 和所有 Z 中的 z 来说，如果过程在 t 时处于状态 z，则它在 $t + 1$ 时所处的状态为 $z' = \zeta(t, z)$。从任意初始点 z^0 出发，该过程的**解路径**为 $\{z^0, z^1 = \zeta(0, z^0), z^2 = \zeta(1, z^1), \cdots\}$。

在这样一个过程中，有两种意义下的状态 z 可以说是稳定的。较弱的条件（李雅普诺夫稳定性，Lyapunov stability）是指不存在一种局部推力来背离这个状态；较强的条件（渐进稳定性）是指存在一个局部指向该状态的拉力。正规的表达是，一个状态 z 是李雅普诺夫稳定的，如果 z

的每一个开邻域 B 包含一个 z 的开邻域 B^0,使得任何一个进入 B^0 的解路径从此留在 B 中。特别地,该过程不必返回到 z,但是如果它靠近 z,就必须保持接近。状态 z 是渐进稳定的,其前提为它是李雅普诺夫稳定的,并且可以找到一个开邻域 B^0,使得解路径一旦进入 B^0,它能收敛于 z。

尽管本书所考察的大多数过程都是在离散时间发生的,我们还是会简单概述一下连续时间过程的类似之处。令 Z 表示一个欧氏空间 R^k 的一个紧子集。一个**连续时间动态过程**是一个连续映射 $\zeta: R \times Z \rightarrow Z$,其中对所有 $z^0 \in Z$,$\zeta(0, z^0) = z^0$,并且 $\zeta(t, z^0)$ 表示过程从状态 z^0 开始在 t 时的位置。这一系统常以一组具有如下形式的一阶微分方程的解形式出现:

$$\dot{z} = \phi(z),\text{其中 } \phi: Z \rightarrow R^k \tag{3.1}$$

这里 ϕ 定义了一个**向量场**,即 Z 中的每一点的运动方向和速度。(3.1)式的解是函数 $\zeta: R \times Z \rightarrow Z$,满足:

$$d\zeta(t, z)/dt = \phi[\xi(t, z)],\text{对于所有的 } t \in R \text{ 和 } z \in Z \tag{3.2}$$

函数 ϕ 在定义域 Z^* 上是**利普希兹连续的**,如果存在一个非负的实数 L(利普希兹常数,Lipschitz constant),使得 $|\phi(z) - \phi(z')| \leqslant L|z - z'|$,对于所有的 $z, z' \in Z^*$。动态系统的一个基本定理表明:**如果 ϕ 在包含 Z 的开定义域 Z^* 上是利普希兹连续的,则对于每一个 $z^0 \in Z$ 都存在一个唯一的解 ζ,使得 $\zeta(0, z^0) = z^0$;而且 $\zeta(t, z^0)$ 对于 t 和 z^0 是连续的。**[①]

为了说明在离散情形下的渐进稳定性,考察虚拟动态博弈的定义:

$$\Delta p^{t+1} = \frac{B^*(p^t) - p^t}{t + 1} \tag{3.3}$$

尽管我们是从 2×2 的博弈中得出该方程,但是对于任何一个具有合适规则来解决最优决策平局的有限的 n 人博弈 G,该等式都是成立的。

设 $x^* \in X$ 是一个严格的纳什均衡,即 x_i^* 是每一个博弈方 i 对 x_{-i}^* 的唯一最优反应。由于效用函数 $u_i: \Delta \rightarrow R$ 是连续的,所以存在一个 x^*

的开邻域 B_{x^*}，使得对于所有的 $p \in B_{x^*}$ 而言，x_i^* 是对于 p_{-i} 的唯一最优反应。从这里以及（3.3）式可以知道，**每一个严格的纳什均衡在离散时间的虚拟动态博弈中是渐进稳定的。** 对于最优反应动态（2.9）的连续时间的情形也是如此。特别地，一个协调博弈的每一个协调均衡在最优反应动态的离散（或连续）形式中是渐进稳定的。

相似的结果对于大得多的一类学习动态也是成立的，包括复制动态。令 $\Delta = \prod \Delta_i$ 是一个有限的 n 人博弈 G 的混合策略空间。想像每一个博弈群组成一个连续统，并在每一个 t 时，每一个博弈方有一个行动，与之博弈的是从其他种群的成员中随机选出的。我们可以用一个向量 $p(t) \in \Delta$ 来表示在 t 时的状态，并用 $p_{ik}(t)$ 表示人群 i 中采取 X_i 中第 k 个行动的比例，k 指代 X_i 中的行动。一个增长率动态是一个具有如下形式的动态系统：

$$\dot{p}_{ik} = g_{ik}(p)p_{ik}, \text{其中} p_j \cdot g_i(p) = 0 \text{且} g_i : \Delta \rightarrow \Delta_i \qquad (3.4)$$

我们需要条件 $p_i \cdot g_i(p) = 0$ 使得过程对于每一个 i 都保持在单纯型 Δ_i 中。让我们假定，对于每一个 i，g_i 在一个包含 Δ 的开域中是利普希兹连续的，那么系统就有了一个满足初始状态 p^0 的唯一解。（这一过程有时被称为一个**常规选择动态**。）函数 $g_{ik}(p)$ 表示人群 i 中采取 X_i 中第 k 个行动的比例增加（或者减少）的速度，而这种增加（或者减少）则是当前状态 $p \in \Delta$ 的函数。注意一个行动不能增长，如果它在人群中不出现的话。一个特殊的结论是 Δ 的每一个纯形（每一个 n 维的向量 $x \in X$）都是这个动态的驻点。

设 x_{ik} 代表博弈方 i 的第 k 个行动。动态是得益单调的，如果在每一个状态中，不同行动的增长率对于它们的期望得益是严格单调的。[②] 换言之，对所有的 $p \in \Delta$，所有的 i，及所有的 $k \neq k'$，有

$$u_i(x_{ik}, p_{-i}) > u_i(x_{ik'}, p_{-i}) \text{当且仅当} g_{ik}(p) > g_{ik'}(p) \qquad (3.5)$$

复制动态是一个特殊的情形：其中每一个行动 x_{ik} 的增长率等于其超

过人群 i 成员的平均得益数量，即：

$$\dot{p}_{ik} = \left[u_i(x_{ik}, \, p_{-i}) - u_i(p)\right]p_{ik} \tag{3.6}$$

可以证明**在一个得益单调的常规选择动态中，每一个严格纳什均衡都是渐进稳定的**。这样，如果博弈有多个严格纳什均衡（比如在协调博弈中），则动态就可以"选择"其中的任意一个，这取决于初始条件。③

3.2　随机稳定性

尽管随机稳定性本质上是一个确定性的概念，但在随机扰动出现时它有时也被用来作为稳定性的一个标准。为了说明这一点，我们假设一个过程处于一个渐进稳定状态，并且受到一个小的一次性的冲击。如果冲击足够小，则根据渐进稳定性的定义，该过程将最后恢复到原来的状态。既然冲击的影响最终会消弭，就可以称这一状态在存在随机扰动时是稳定的。这一论断的困难之处在于，在实际中，随机扰动并非是独立的事件，如果系统尚未从第一次冲击中恢复而又受到第二次冲击，从第二次冲击中尚未恢复又受到第三次冲击……则会发生什么呢？渐进稳定性的概念无法回答这个问题。

在接下来的两节中，我们引入另外一个的稳定性的概念，它考虑了随机扰动的持续性质。我们并不将这个过程表示为一个偶尔受到一个随机扰动影响的确定性的系统，而是将它表示为一个随机动态系统，其中扰动被直接纳入运动方程。这种扰动是大多数适应性过程的一个本质特征，包括那些在前一章中讨论到的过程。例如，复制动态相当于是对一个有限过程的连续逼近，在这个过程中一个有限群体里的个人以一种依赖于他们交往所获得益的**概率**生育（或者死亡）。在模仿模型中，随机成分来自于这一假定：个人以依赖于得益的概率来更新其策略。在强化模型中，当事人被假定按照一定的概率选择行动，而这些概率依赖于他们过去从这些行动中所获得益,如此等等。实际上任何我们能想到的关于适应性行动的可能的模型都具有随机成分。

尽管以前的作者已经认识到在演进模型中随机扰动的重要性,但是标准的做法是将其压制在它们本质上很微小的程度上,或者在总量上很微小,因为可变性在许多个人中被平均化了,并且研究一个过程的预期运动时,**似乎**它就是一个确定性的系统。尽管这可能是过程的短期(或者甚至是中期的)行为的一个合适的近似,然而它在过程的长期行为中可能是一个糟糕的指标。随机动态系统的一个突出的特征是它们的长期(渐进的)行为会与相应的确定性过程相差甚远而**无论噪音项有多小**。噪音的存在,无论有多么的微小都可以定量地改变动态的行为。但也有一个事先没有料到的好处:由于这些过程常常是遍历的,所以它们的**长期平均行为**可以比对应的确定性动态的行为被更加精确地预测,后者的行为通常依赖于初始状态。在接下来的几节里,我们将发展一个分析这些问题的一般框架,然后我们将之运用于适应性的学习,并说明它是如何产生一般博弈均衡(和非均衡)选择的理论的。

3.3　马尔可夫链理论的初步知识

在一个有限状态空间 Z 中,一个**离散时间的马尔可夫过程**(a discrete-time Markov process)确定了下一期转到 Z 中的每一个状态的概率,已知这个过程当时正处于某一给定状态 z。特别地,对于每一对状态 z, $z' \in Z$,和每一个时刻 $t \geqslant 0$,设 $p_{zz'}(t)$ 为在时刻 t 状态为 z 的条件下,在时刻 $t+1$ 转换到状态 z' 的**转移概率**。如果 $p_{zz'} = p_{zz'}(t)$ 独立于 t,则我们称这个转移概率是时间齐次的。这一假定将在接下来的所有讨论中加以保留。

设初始状态为 z^0,对于每一个 $t > 0$,令 $\mu^t(z \mid z^0)$ 为状态 z 在首个 t 期中被访问的**相对频率**。可以证明随着 t 趋向于无穷, $\mu^t(z \mid z^0)$ 几乎必然收敛于一个概率分布 $\mu^{\infty}(z \mid z^{0})$，这被称为在 z^{0} 条件下，过程的**渐进频率分布**。④ 分布 μ^{∞} 可以理解为一个选择标准：在长期中，过程**选择**了那些 $\mu^{\infty}(z \mid z^{0})$ 赋之以正概率的状态。当然在这个意义上，被选择的这个或者这些状态可能取决于初始状态 z^{0}。如果是这样的话，我们就说这个过程是**路径依赖的**（path dependent），或者是**非遍历的**（nonergodic）。如果渐进分布 $\mu^{\infty}(z \mid z^{0})$ 独立于 z^{0}，则该过程是**遍历的**（ergodic）。

考虑一个由转移概率矩阵 P 定义的 Z 上的一个有限的马尔可夫过程。状态 z' 对于状态 z 是**可达的**（accessible），记为 $z \rightarrow z'$，如果存在一个正概率使得状态 z 在有限的时期内转为 z'。状态 z 和 z' 是**互达的**（communicate），记为 $z \sim z'$，如果每一个都可以从另一个到达。显然 $\sim$ 是一个等价关系，所以它将状态空间 Z 分隔成几个等价类，称为**互达类**。P 的一个**常返类**是一个互达类，并满足这类外部的任何状态都无法从这类内部的状态到达。很容易证明每一个有限的马尔可夫链都至少有一个常返类。用 E_{1}，E_{2}，…，E_{K} 表示这些常返类。一个状态是**常返的**（recurrent），如果它包含于某个常返类；否则它就是**瞬过的**（transient）。一个状态是**吸收性的**（absorbing），如果它构成一个单元素的常返类。如果过程恰好具有一个常返类，而这个类又包括整个状态空间，则这个过程被称为是**不可约的**（irreducible）。等价地，**一个过程是不可约的，当且仅当存在一个正概率使得任何状态在有限时期内都能到达其他任何状态**。

有限马尔可夫链的渐进性质可以用代数方式研究如下。设 z_{1}，z_{2}，…，z_{N} 为一个状态序列，并设 μ 为 Z 上的一个概率分布，记作一个行向量 $\mu = (\mu(z_{1}), \mu(z_{2}), \cdots, \mu(z_{N}))$。考虑一个线性方程组：

$$\mu P = \mu，其中 \mu \geqslant 0，且 \sum_{z \in Z} \mu(z) = 1 \tag{3.7}$$

可以证明该方程组总是至少有一个解 μ，这被称为过程 P 的一个**稳态分布**，术语稳态是由下述原因而得名的。假设 $\mu(z)$ 为在某时刻 t 处于状态 z 的概率。在 $t+1$ 时处于状态 z 的概率就是在时刻 t 处于状态 w 而在下一期转向状态 z 的概率（所有状态 w 之和）；换言之，$t+1$ 时处于状态

z 的概率等于 $\sum_w \mu(w)P_{wz}$。等式(3.7)说明这一概率对于每一个 $z\in Z$ 恰为 $\mu(z)$。换言之,如果 μ 是某时刻 t 状态的概率分布,则 μ 也是所有后续时刻状态的概率分布。

稳定性方程(3.7)具有一个唯一解,当且仅当 P 具有一个唯一的常返类,在这种情况下我们称之为 P 的一个稳态分布 μ。有限马尔可夫链的基本结论表明:**如果 P 具有一个唯一的常返类,则稳态分布 μ 描述了过程的时均渐进行为,而独立于初始状态 z^0:**

$$\lim_{t\to\infty}\mu^t(z\mid z^0)=\mu^\infty(z\mid z^0)=\mu(z) \tag{3.8}$$

与之相对照,如果 P 具有不止一个常返类,则它是非遍历的,且渐进分布取决于过程开始于何处。

我们将要考虑的学习过程有一个进一步的特性,使我们能够对其渐进行为作更明确的表述。设 P 为集合 Z 上的一个有限马尔可夫过程,且对于每一个状态 z,设 N_z 为所有整数 $n\geqslant 1$ 的集合,都有一个正概率使得恰好过 n 期时从 z 转移到 z。如果对于每个 z,N_z 的最大公约数为 1 的话,则这个过程就是**非周期的**(aperiodic)。

对于一个非周期的不可约的过程而言,不仅该过程的时均行为收敛于唯一的稳态分布 μ,而且当 t 充分大时,它在 t 时的每一点的位置也近似于 μ。更精确地说,设 $v^t(z\mid z^0)$ 为给定过程在时刻 $t=0$ 处于状态 z^0 的条件下该过程在 t 时处于状态 z 的概率。(与之相对照的是,$\mu^t(z\mid z^0)$ 是在开始的 t 期中的频率分布,条件是从 z^0 开始。)设 P^t 为 P 的 t 次积,这意味着:

$$v^t(z\mid z^0)=P^t_{z^0 z} \tag{3.9}$$

如果过程是不可约的并且是非周期性的话,则可以证明 P^t 收敛于矩阵 P^∞,其中每一行都等于 μ。这样我们就有:

$$\lim_{t\to\infty}v^t(z\mid z^0)=\mu(z),\text{对于所有的 } z\in Z \tag{3.10}$$

其中 μ 是唯一的稳态分布。这意味着在每一个非周期的、不可约的、有

限的马尔可夫过程中，**在给定时间** t 时处于状态 z 的概率 $v^t(z|z^0)$ 本质上就等于当 t 很大时**到时刻** t **为止**处于状态 z 的概率 $\mu^t(z|z^0)$。亦即，$v^t(z|z^0)$ 和 $\mu^t(z|z^0)$ 都以概率 1 收敛到 $\mu(z)$，而独立于初始状态。

这些思想可以由前一章中所引入的学习模型加以说明。设 G 为一个有限的 n 人博弈，策略空间为 $X = \prod X_i$。考虑一个适应性学习，它的记忆为 m，样本容量为 s，误差率为 ε。这显然是一个马尔可夫链：状态空间 $Z = X^m$ 包括所有长度为 m 的历史，对于每一对历史 $h, h' \in X^m$，存在一个固定的概率 $P_{hh'}$ 使得 h 在一期之内转到 h'。我们用转移矩阵 $P^{m,s,\varepsilon}$ 来代表这个过程。

我们说当误差率 ε 是正的时候，过程是不可约的。为了证明这一点，假设过程在 t 期末处于状态 $h = (x^{t-m+1}, \cdots, x^t)$。由于存在随机误差，所以有一个正概率在下一期产生一个任意的行动集合。因此在 m 期内，存在一个能到达长度为 m 的其他任何历史的正概率。这意味着该过程是不可约的，而且它的渐进分布是(3.7)式的唯一解。（还要注意这个过程是非周期性的。）我们用 $\mu^{m,s,\varepsilon}$ 来表示这个分布，或者有时候用 μ^ε，当大家都理解是 m 和 s 的时候。

相反，当误差率为 0 时，这个过程就可能是**可约的**了。为了看出这一点，假设 G 具有一个严格的纯策略纳什均衡 x^*。考察一个 x^* 被连续博弈了 m 次的历史：$h^* = (x^*, x^*, \cdots, x^*)$。对于任何满足 $1 \leqslant s \leqslant m$ 的 s 和 m 的值，h^* 是过程的一个吸收态，因为对于每一个 i，对每一个由 i 从历史 h^* 中抽取的样本集合来说，x_i^* 是唯一的最优反应。这样一个状态 h^* 被称为**惯例**。在这种情况下，在每一个人的记忆中，人们总是采取 x^*。假定其他任何一个人都继续坚持这个惯例，而坚持这个惯例也是符合自己利益的，因此惯例就一直维持着——这是社会协调的一个自我实施机制。对下面这个论断的证明是很容易的，就留给读者们。

过程 $P^{m,s,0}$ 的唯一的吸收状态是惯例，即形式为 $(x^*, x^*, \cdots, x^*)$ 的状态，其中 x^* 是 G 的一个严格纳什均衡。

任何有着不止一个严格纳什均衡的博弈都具有多个吸收状态；因

此,学习过程 $P^{m,s,0}$ 是可约的,因而不是遍历的。为了说明这一点,考察具有如下得益矩阵的打字机博弈:

	D	Q
D	5, 5	0, 0
Q	0, 0	4, 4

选择如下适应性学习的参数:记忆,$m = 4$;样本容量,$s = 2$;误差率,$\varepsilon = 0$。每一个状态都可以用一个 2×4 的 Q 和 D 的方块来表示,其中上面一行代表行博弈方前四个行动,而下面一行则代表列博弈方的前四个行动。例如,状态

DQDQ

QDDQ

意味着行博弈方四期前选择了 D,三期前选择了 Q,两期前 D,一期前 Q。类似地,列博弈方在四期前选择了 Q,三期前和两期前选择了 D,一期前 Q。转移到其他状态的概率取决于当事人从这段历史中恰好选取的样本。(为了方便起见,我们假定所有的样本都等可能地被抽取。)一旦采取一个新的行动,最左边(最老)的行动就被删除了,而新的行动就被加到右边。由于在 D 上达成协调的得益要高于在 Q 上达成的协调,D 对于除了样本 {Q, Q} 之外的所有大小为 2 的样本都是唯一的最优反应。因此,从上一状态出发的一期转移概率就如图 3.1 所示。

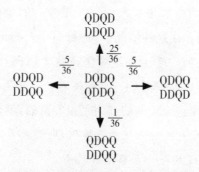

图 3.1 变化到邻近状态的转移概率

要写下所有 256 种状态会很啰嗦,要求解稳态方程(3.7)则更加麻烦。幸好我们不用这样做就可以对过程的渐进行为说上很多。我们已经知道这个过程有两个吸收状态:全 D 的惯例和全 Q 的惯例。我们要回答的第一个问题就是这些是否构成唯一的常返类。注意这并不是立即可

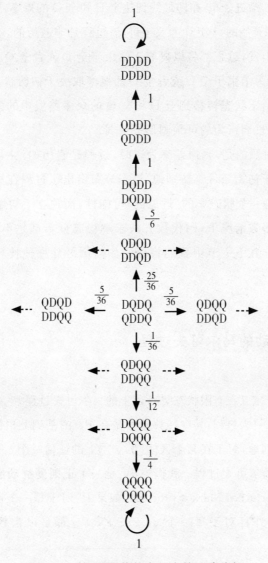

图 3.2　对不同吸收状态而言的可选路径

得的,因为可能存在包括多个状态的常返类,而且这些状态都不是吸收性的。然而在前面这个例子里,这是不可能发生的,因为从任何一个状态出发都存在一个在有限的时期内转移到全 D 或者全 Q 的正概率(这留给读者去验证)。这就意味着全 D 和全 Q 是唯一的常返类,而其他状态都是瞬过的。渐进分布,亦即最终到达全 D 和全 Q 的概率,要取决于过程是从什么状态开始的,从这个意义上讲,该过程是非遍历的。换言之,从任何初始状态出发,过程都将以概率 1 结束于全 D 或者全 Q。然而过程是非遍历的,因为结束于全 D 或者全 Q 的概率取决于初始状态。图 3.2 显示了从一个给定状态转移到全 D 和全 Q 的众多路线中的两条。在这个意义上,过程长期行为的可预测形势很弱。

与之相对照的是,当误差率为正时,过程是遍历的,并且长期平均行为**并不**依赖于初始条件。特别地,稳态分布给出了过程在每一个未来的时期 t 处于每一个状态 z 的(近似的)可能性,而独立于初始状态,只要 t 很大。在大多数情况下,用代数方法求解稳态分布都是不现实的,因为状态太多了。在下一节中我们将说明如何用另外一种技巧来处理稳态分布。

3.4 受扰动的马尔可夫过程

考察一个定义在有限状态空间 Z 上的马尔可夫过程 P^0。P^0 的一个扰动是一个马尔可夫过程,其中转移概率是在 $P^0_{zz'}$ 的基础上稍微作一下扰动或扭曲。特别地,对于在某个区间 $[0, \varepsilon^*]$ 上的任何一个 ε 而言,设 P^ε 为 Z 上的一个马尔可夫过程。我们说 P^ε 是一个**正则受扰动的马尔可夫过程**(regular perturbed Markov process),如果 P^ε 对于每一个 $\varepsilon \in (0, \varepsilon^*]$ 都是不可约的,并且对于每一个 z,$z' \in Z$,$P^\varepsilon_{zz'}$ 都是以指数速度趋近于 $P^0_{zz'}$,亦即,

$$\lim_{\varepsilon \to 0} P^\varepsilon_{zz'} = P^0_{zz'} \tag{3.11}$$

且

如果对于某些 $\varepsilon > 0$，$P^{\varepsilon}_{zz'} > 0$，则

$$0 < \lim_{\varepsilon \to 0} P^{\varepsilon}_{zz'}/\varepsilon^{r(z,\,z')} < \infty，对于某些 \ r(z,\,z') \geqslant 0 \qquad (3.12)$$

实数 $r(z,\,z')$ 被称为转移 $z \to z'$ 的阻力（resistance）。注意，$r(z,\,z')$ 是被唯一定义的，因为不可能有两个不同的指数同时满足（3.12）式中的条件。也要注意 $P^{0}_{zz'} > 0$，当且仅当 $r(z,\,z') = 0$。换言之，在 P^{0} 下可以发生的转移都具有零阻力。为了简便起见，我们将采用这个惯例，即如果对于所有的 $\varepsilon \in [0,\,\varepsilon^{*}]$ 都有 $P^{\varepsilon}_{zz'} = P^{0}_{zz'} = 0$ 的话，则 $r(z,\,z') = \infty$。所以 $r(z,\,z')$ 对于所有的有序数对 $(z,\,z')$ 都有定义。

因为对于每一个 $\varepsilon > 0$，P^{ε} 都是不可约的，所以它就有唯一的稳态分布，我们将用 μ^{ε} 来表示。一个状态 z 是**随机稳定的**（stochastically stable）（Young，1993a），如果：

$$\lim_{\varepsilon \to 0} \mu^{\varepsilon}(z) > 0 \qquad (3.13)$$

我们将在下面的定理 3.1 中证明，对于每一个 z，$\lim_{\varepsilon \to 0} \mu^{\varepsilon}(z) = \mu^{0}(z)$ 都存在，并且极限分布 μ^{0} 是 P^{0} 的一个稳态分布。特别地，这意味着每一个正则受扰动的马尔可夫过程都至少具有一个随机稳定状态。在直觉上，当随机扰动很小时，这些状态在长期中最有可能被观察到。很快我们将说明如何运用定义恰当的势能函数来计算随机稳定状态。然而，首先我们应该观察到参数为 m、s、ε 的适应性博弈是一个正则的受扰动的马尔可夫过程。给定一个具有有限策略空间 $X = \prod X_i$ 的 n 人博弈 G，过程在长为 m 的历史有限空间 X^m 上进行。给定时刻 t 时的一个历史 $h = (x^1,\,x^2,\,\cdots,\,x^m)$，过程在下一期就转变为形如 $h' = (x^2,\,x^3,\,\cdots,\,x^m,\,x)$ 的状态，其中 $x \in X$。任何这样的状态 h' 都称为 h 的一个**后继者**（successor）。在选择一个行动之前，一个博弈方 i 从每一类 $j \neq i$ 的 h 里前 m 个选择中抽取一个大小为 s 的样本，这些样本在不同类 j 之间是互相独立的。行动 x_i 是一个**独癖性选择**（idiosyncratic choice）或**错误**

(error)，当且仅当在 h 中不存在 $n-1$ 个样本集合（从每一类 $j \neq i$ 中抽取一个样本），使得 x_i 对于样本频率分布之积而言是一个最优反应。注意错误的概念取决于前一状态 h。对于 h 的每一个后继者 h' 来讲，设 $r(h, h')$ 表示 h' 的最右边元素中错误的总数。显然 $0 \leqslant r(h, h') \leqslant n$。很容易看到 $h \to h'$ 的转移概率与 $\varepsilon^{r(h, h')}(1-\varepsilon)^{n-r(h, h')}$ 是在同一数量级上的，在这里我们忽略了与 ε 独立的乘数项。如果 h' 不是 h 的一个后继者，则 $h \to h'$ 的转移概率是 0。因此过程 $P^{m, s, \varepsilon}$ 以一个近似于 ε 的指数速度收敛于 $P^{m, s, 0}$，而且只要当 $\varepsilon > 0$，它就不可约。这就是说 $P^{m, s, \varepsilon}$ 是一个正则受扰动的马尔可夫过程。

现在我们来说明如何计算在有限状态空间 Z 上的任一正则受扰动的马尔可夫过程 P^{ε} 的随机稳定状态。设 P^0 具有常返类 E_1，E_2，…，E_k。对于每一对不同的常返类 E_i 和 E_j，$i \neq j$，一条 ij 路径就是指一个从 E_i 开始到 E_j 结束的状态序列 $\zeta = (z_1, z_2, \dots, z_q)$。这条路径的阻力就是各边的阻力之和，即 $r(\zeta) = r(z_1, z_2) + r(z_2, z_3) + \dots + r(z_{q-1}, z_q)$。设 $r_{ij} = \min r(\zeta)$ 为所有 ij 路径 ζ 中的最小的阻力。注意由常返类的定义可知，r_{ij} 必定为正，因为从 E_i 到 E_j 不存在 0 阻力的路径。

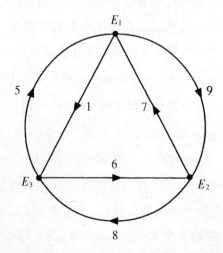

图 3.3　一个完整的在每一边上都有阻力的具有三个顶点的有向图

现在构造一个具有 K 个顶点的完整的有向图,每一个顶点代表一个常返类。对应于类 E_j 的顶点就称为 j。在有向边 $i \rightarrow j$ 上的权重为 r_{ij}。图 3.3 给出了一个具有三个类的示意性例子。以顶点 j 为根的树(一个 j 树)是一个 $K-1$ 的有向边线的集合,满足从每一个不同于 j 的顶点出发,在树中都存在唯一一条到达 j 的有向路径。图 3.3 所示的例子中的每一个顶点 j 处都有以此为根的三个 j 树,一共有 9 个有根树(见图 3.4)。

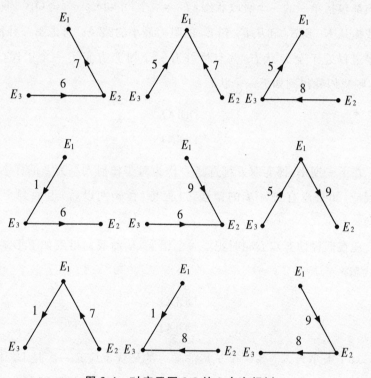

图 3.4 对应于图 3.3 的 9 个有根树

一个有根树 T 的阻力就是组成它的 $K-1$ 个边的阻力 r_{ij} 的和。常返集 E_j 的**随机势能**(stochastic potential)γ_j 定义为在所有的以 j 为根的树中最小的阻力。直觉上,当噪声参数 ε 很小且为正数时,过程最有可能沿着具有最小势能的常返类的路径走。这意味着随机稳定状态恰好就是那些处于具有最小势能的类上的状态。这个结果可以正式表述如下。[5]

定理 3.1(Young，1993a)　设 P^ε 是一个正则受扰动的马尔可夫过程，并设对于每一个 $\varepsilon > 0$ 而言，μ^ε 是 P^ε 的唯一的稳态分布。则 $\lim_{\varepsilon \to 0} \mu^\varepsilon = \mu^0$ 存在，且分布 μ^0 是 P^0 的一个稳态分布。随机稳定状态恰好就是那些包含于具有最小势能的 P^0 的常返类中的状态。

我们用学习参数为 $m = 4$ 和 $s = 2$ 的打字机博弈来说明这个结果。我们已经看到不受扰动的过程($\varepsilon = 0$)恰好具有两个常返类，每一个常返类都包括单一的一个吸收状态：$E_1 = \{全 D\}$ 和 $E_2 = \{全 Q\}$。我们需要找出从 E_1 到 E_2 和从 E_2 到 E_1 的阻力最小的路径。考虑第一种情况。如果过程处于全 D 状态，并且恰好有一个博弈方犯了一个错误（采用 Q），则我们就得到如下一个状态：

DDDQ

DDDD

在下一期中，博弈双方都选择 D 作为对于任何大小为 2 的样本的最优反应，如果没有进一步的错误，过程将（在 4 期以后）返回到全 D 的状态。

现在假设博弈双方同时犯了一个错误，从而我们得到如下形式的一个状态：

DDDQ

DDDQ

对于大小为 2 的每一个子集的唯一的最优反应又一次是 D。因此，如果不再有别的错误，过程会漂回到全 D 状态。然而如果两个错误接连发生在同一个人群中：

DDQQ

DDDD

则从这个状态出发，存在一个转移到全 Q 状态而不再有任何错误正的概率（尽管不是必然的）。从全 D 状态到以上状态的最有可能的转移是分两步进行的,每一步的概率都与 ε 同阶。因此从 E_1 转移到 E_2 的阻力为 $r_{12}=2$。另一方面,如果我们开始于 $E_2=\{$全 Q$\}$,则单一的一个选择 D 就足以让过程(毫无差错地)演进到全 D 状态。因此,$r_{21}=1$。

对于这个例子而言,两个有根树是不证自明的:每一个都包含一条边,正如图 3.5 所示。具有最小阻力的树是从顶点 2(全 Q)到顶点 1(全 D)。从这个定理中,我们就可以推断出唯一的随机稳定状态为全 D。换言之,当 ε 很小时,处于这一状态的长期概率要远远高于处于其他任何状态的概率。

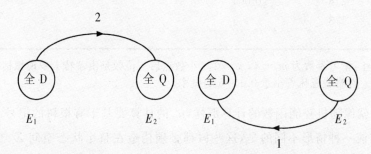

图 3.5 在学习参数为 $m=4$, $s=2$ 时打字机博弈中两个有根树的阻力

在全 D 状态上积累的概率是 ε 的一个函数,为了感受一下它的大小,我们可以用蒙特卡罗方法模拟这个过程。(这仅仅当状态空间很小的时候才是可行的,比如此例。)对于 ε 的多个选值的结果总结在表 3.1 中。要注意,即使有一个很大的错误率(比如说,$\varepsilon=0.20$),D 博弈方的期望比例也会高于 80%。这说明稳态分布依旧可以在随机稳定状态上赋以很高的概率,即使当 ε 是很大的时候。

定理 3.1 的好处在于当我们缺乏对 ε 的精确估计而只知道它是"很小"时,它会告诉我们学习过程的长期概率会集中在什么地方。假如我们精确地知道 ε 的话,我们(在理论上)就可以计算出真实分布 μ^ε。然而,要直接求解稳定性方程(3.7)会非常麻烦,因为状态空间大得难以处理。幸运的是,还有第二种办法可以计算出 μ^ε,并在一定的条件下会产生在解析上可处理的结果。

表 3.1　在打字机博弈中 QWERTY 和 DVORAK 比例的长期概率

D博弈方的比例	ε			
	0.20	0.10	0.05	0.01
1	0.419	0.659	0.815	0.961
7/8	0.373	0.277	0.167	0.039
6/8	0.150	0.053	0.016	0.001
5/8	0.043	0.009	—	—
4/8	0.011	0.001	—	—
3/8	0.002	—	—	—
2/8	0.001	—	—	—
1/8	—	—	—	—
0	—	—	—	—

注:学习参数为 $m=4$，$s=2$。小数点后三位数是由蒙特卡罗模拟估计而来的。省略线意味着小于 0.000 5 的概率。

就像随机势能函数的计算那样，μ^ε 的计算要基于有根树的记号。然而与前一种情形不同的是，这些树都必须构造在整个状态空间 Z 之上。因此这个方法只有在特殊的情形下才在解析上是有用的。设 P 为定义在有限状态空间 Z 上的任何不可约的马尔可夫过程。（注意，P 并不一定为正则受扰动马尔可夫过程。）考察一个具有顶点集 Z 的有向图。该图的边将构成一个 z 树（对某些特定的 $z \in Z$），如果满足它包含 $|Z|-1$ 条边并且从每一个顶点 $z' \neq z$ 出发都唯一一条从 z' 到 z 的有向路径的条件。有向的边可以用有序顶点对 (z, z') 来表示，并且我们可以将一个 z 树 T 表示成一个有序对的子集。设 $\mathcal{T}_z$ 为所有 z 树的族。定义 z 树 $T \in \mathcal{T}_z$ 的**似然率**为:

$$P(T) = \prod_{(z,\, z') \in T} P_{zz'}$$

以下结果的证明在附录中。

引理 3.1（Freidlin and Wentzell, 1984）　设 P 为在有限状态空间 Z 上的一个不可约的马尔可夫过程。它的稳态分布 μ 具有如下性质:每一个状态 z 的概率 $\mu(z)$ 与它的 z 树的似然率之和成比例，亦即，

$$\mu(z) = v(z)\Big/\sum_{\tilde{w}\in Z}v(\tilde{w}),\text{其中 }v(z) = \sum_{T\in\mathcal{T}_z}P(T)$$

为了说明这个结论与定理 3.1 的区别,考虑这样一个马尔可夫过程,它具有 7 个状态 $Z = \{a, b, c, d, e, f, g\}$,其转移概率如图 3.6 所示。(可以理解一直处在给定状态的概率就是 1 减去每一期中离开这个状态的概率的和。)

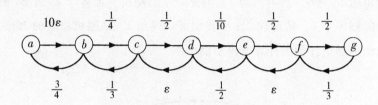

图 3.6   带有线性转换结构的马尔可夫链

这个过程本质上具有一种线性的结构,即转移仅可以发生在"相邻"的状态。这意味着对于每一个状态 z,都存在唯一一个具有非零概率的 z 树。例如,唯一的 c 树包含有向边 $a{\to}b$,$b{\to}c$,$d{\to}c$,$e{\to}d$,$f{\to}e$,$g{\to}f$。引理 3.1 告诉我们 z 树的似然率与稳态分布中 z 的概率成比例。要计算每一种这样的树的似然率非常简单——树的似然率就是其边上的概率乘积。稍加计算就可以证明各种 z 树的似然率,从而各种状态 z 的相对概率如下:

状态:　　　　a　　b　　c　　d　　e　　f　　g
相对概率:$\varepsilon^2/24$　$5\varepsilon^3/9$　$5\varepsilon^3/12$　$5\varepsilon^2/24$　$\varepsilon^2/24$　$\varepsilon/48$　$\varepsilon/32$

注意这个估计对于每一个 $\varepsilon > 0$ 而言都是精确的;它并不是一个当 ε 趋于零时的极限值。然而,当 ε 很小的时候,我们立即可以看出状态 f 和 g 要比所有其他状态更有可能出现。

现在我们来说明定理 3.1 如何以另外一种思路得出相同的结论。设 P^ε 表示过程的转移矩阵,作为 ε 的函数。首先,我们观察到未受扰动的过程 P^0 恰好具有两个常返类:$E_1 = \{a\}$ 和 $E_2 = \{f, g\}$。然后我们计

算从 E_1 到 E_2 以及反方向的阻力(见图 3.7)。一方面,从 E_1 到 E_2 的(在所有可行的路径中)最小阻力路径具有概率 $10\varepsilon \times 1/4 \times 1/2 \times 1/10 \times 1/2 \times 1/2 = \varepsilon/32$。由于这是 ε 的一次方,所以阻力为 $r_{12} = 1$。另一方面,从 E_2 到 E_1 的最小阻力路径是 ε 的二次方,所以 $r_{21} = 2$。因此我们用来计算随机势能的图就非常简单了:它包括两个顶点和两条边。具有最小阻力的 E_1 树包括单边 $E_2 \rightarrow E_1$,其阻力为 2。具有最小阻力的 E_2 树包括单边 $E_1 \rightarrow E_2$,其阻力为 1。因此,E_1 的随机势能等于 2,而 E_2 的随机势能则等于 1。从定理 3.1 中我们可以得出 E_2 是随机稳定的,而这正是前面那种更详细的计算所得出的结果。

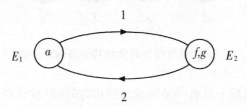

图 3.7 在图 3.6 中所表示的马尔可夫链中两个循环往返类之间的阻力

尽管引理 3.1 给出了对于稳态分布的更为精确的估计,但是两种方法都可以用来计算任何正则受扰动的马尔可夫过程的随机稳定状态。关键的区别在于求得所要结果所需的计算量的大小。当状态空间很大时(通常它的确非常大),应用引理 3.1 是不切实际的,因为每一种状态 z 都与像天文数字那么大的 z 树相关。定理 3.1 则给出了一条捷径:要计算随机稳定状态,我们只需计算非扰动过程的每一对常返类之间的阻力。由于这些类的数目常常很小,即使状态空间很大,计算最小阻力的路径也是非常简单的,而且计算负担被大大地降低了。

在后续的章节中,我们将考察这些思想对于各类博弈的含义。这个理论为根据简单学习规则来选择均衡(和非均衡)的排列提供了精确的预测。而且,它还表明在传统上由高度理性的论述解释的博弈论文献的关键的解概念——包括讨价还价博弈中的纳什讨价还价解(见第 8 章)和纯协调博弈(见第 9 章)中的有效率协调均衡——也可以在低理性的环境中出现。然而应该强调的是,这个方法是非常具有一般性的,可用以研究很多类的动态过程,而不仅仅是适应性的博弈。

3.5　邻居分隔模型

为了说明这一点,考虑第 1 章中讨论的邻居分隔模型。个人位于圆周上 n 个可能的位置,他们有两种类型:A 和 B。系统的一个**状态** z 是指给每一个位置赋以 A 或者 B。为了避免不证自明的情况出现,我们假定每种类型都至少有两个人。如果直接相邻的邻居不是同一种类型,个人会觉得**不满**;反之他们会**满意**。

在每一期,随机选取一对人,所有的对都是等可能被抽取的。考察这样一对人,比方说 i 和 j。他们进行交换的概率取决于他们从交换中获得的期望收益。让我们假定每一次交换都有移动成本。因此,从交换中获得的得益将是正的,当且仅当这两个人不是同类型的,而且至少其中一人(比如说 i)在交换之前是不满的而在交换后感到满意。这意味着在交换之前,i 周围都是另一类型的人,所以实际上 i 和 j 在交换后都感到满意。(我们假定如果 j 在交换前后都感到满意,则 i 可以补偿 j 的移动成本而且仍然能使双方的处境都更好。)这种帕累托改进的交换被称为**有优势的**(advantageous);所有其他交换都是**没有优势的**(disadvantageous)。

假定每一个有优势的交换以高概率发生,而每一个没有优势的交换以低概率发生,这个概率随交换伙伴的效用净损失而呈指数型递减。特别地,让我们假设存在实数 $0 < a < b < c$,使得没有优势的交换发生的概率为 ε^a,如果一个交换方的满意程度的增加被另一个人的满意程度的减少所冲销(所以净损失就只包括移动成本);或者概率为 ε^b,如果双方之前都感到满意而之后有一人不满;或者概率为 ε^c,如果双方之前都感到满意而之后都不满。(这些是所有的可能性。)相反地,有优势的交换随着 $\varepsilon \to 0$ 以趋于 1 的概率发生;除此之外我们已经无需指出精确的

概率到底为多少了。所形成的马尔可夫过程 P^ε 对于每一个 $\varepsilon > 0$ 都是不可约的,并且满足条件(3.11)和(3.12)。

未受扰动的过程 P^0 的一个状态是吸收性的,如果每一个人都位于与自己类型相同的某个人的旁边。一个状态是**分隔的**如果所有的 A 聚成一群而 B 聚成余下的一群。在第 1 章中我们指出分隔状态是受扰动的过程 P^ε 的唯一随机稳定状态。现在我们用前一节中所描述的理论来证明这一事实。

第一步是识别出 P^0 的互通常返类。它们很显然包括吸收态,这是单要素的常返类。为了证明这些是所有的常返类,考察一个不具有吸收性的状态。它包括至少一个不满足的人,比如说 i,我们假定他的类型是 A。沿着顺时针的方向,设 i' 为下一个类型为 A 的人。(回想前文提及的每一类都至少有两个人。)在 i' 前面的那个人必定是 B 类型的,称这个人为 j。如果 i 和 j 交换位置,交换后两人都会感到满意。在任何给定的时期里,都有一个正概率使得这一对人正好被抽出来而且将互相交换位置。所形成的状态中不满意的人将更少。以这种方式继续,我们看到从任何非吸收态出发,都有一个在有限时期内转到吸收态正的概率。所以吸收态是唯一的常返态。

用 Z^0 来表示吸收状态的集合。对于 Z^0 中的任何两个状态 z 和 z',设 $r(z, z')$ 表示在所有从 z 到 z' 的路径中的最小阻力。$z \in Z^0$ 的随机势

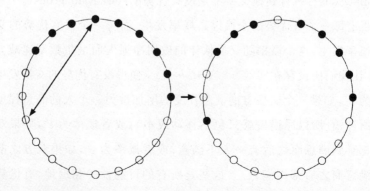

图 3.8 在隔离状态中单个没有有优势的交换导致在该状态中某些人被分隔了

能被定义为在结点集合 Z^0 上阻力最小的 z 树的阻力。由定理 3.1，随机稳定状态是那些具有最小随机势能的状态，因此只要证明一个吸收态具有最小势能当且仅当它是分隔的就够了。

为了证明这一点，我们进行如下推理：设 $Z^0 = Z^s \bigcup Z^{ns}$，其中 Z^s 是分隔吸收态的集合，而 Z^{ns} 是非分隔吸收态的集合。我们指出：(i) 对于每一个 $z \in Z^{ns}$，每一个 z 树至少有一条边阻力为 b 或者 c（都比 a 要大）；(ii) 对于每一个 $z \in Z^s$，都存在一个 z 树，其每一条边的阻力都恰好为 a。

先暂时假定 (i) 和 (ii) 都已经被证明了。在任何 z 树中都恰好有 $|Z^0|$ -1 条边，且每一条边的阻力都至少为 a。从 (i) 和 (ii) 中可以得出每一个分隔状态的随机势能都等于 $a|Z^0| - a$，而每一个非分隔状态的随机势能都至少为 $a|Z^0| - 2a + b$，它严格地更大。因此定理 3.1 就意味着分隔状态恰好为随机稳定状态。

为了证明 (i)，设 $z \in Z^{ns}$ 为非分隔吸收状态。给定任何 z 树 T，在 T 中至少存在一条边从一个分隔吸收状态 z^s 指向一个非分隔吸收状态 z^{ns}。我们指出任何这样一条边都具有一个至少为 b 的阻力。理由是任何打破一个分隔状态的交换必然产生至少一个不满足的人，因此这样一种交换的概率要么为 ϵ^b 要么为 ϵ^c（见图 3.8）。因而从 z^s 到 z^{ns} 的边阻力必定至少为 b，这就证明了 (i)。为了证明 (ii)，设 $z \in Z^s$ 为一个分隔吸收状态。从每一个状态 $z' \neq z$ 出发，我们构造一个吸收态的序列 $z' = z^1$，z^2，…，$z^k = z$ 使得对于 $1 < j \leqslant k$，有 $r(z^{j-1}, z^j) = a$，称为一条 $z'z$ 路径。我们建立该构造使得在所有这些路径上的所有有向边的并集组成一个 z 树。由于每一条边都具有一个阻力 a，且树有 $|Z^0| - 1$ 条边，所以正如 (ii) 中指出的那样，树的总阻力为 $a|Z^0| - a$。

首先假设 z' 也是分隔的，即 z' 包含一个单个连续的 A 群和一个余下的连续的 B 群。以顺时针方向将圆上的位置标为 1，2，…，n。让 A 群的第一个人与 B 群的第一个人交换位置。由于两人在交换前后都感到满意的，所以这种交换的概率为 ϵ^a。这也导致一个新的吸收状态，这种交换使得 A 群以顺时针方向移动了一个位置。因此，在 n 步之内，我们能达致任何吸收状态,特别是我们能达致 z。这样,我们已建构了导致从 z' 到 z 的吸收状态的序列,在这一序列中,每一后续对的阻力均等于 a。

我们也可以假设 z' 不是分隔的。从圆上的位置 1 以顺时针方向移动,并用 **A** 表示连续的 As 中的第一个完成移位的群,用 **B** 表示 Bs 中的下一个群,**A′** 为 As 中的下一个群。由于 z' 有吸收性,这些群中的每一个群至少包含两个成员。让 **A** 中的第一个人与 **B** 中的第一个人交换位置。由于两人在前后都是感到满意的,所以这种交换的概率为 ε^a。这种交换使 **A** 以顺时针方向移动一个位置,并使得 **A** 与 **A′** 之间的 B 博弈方的数目减少了一个。这要么导致一个新的吸收状态,要么使得在 **A** 与 **A′** 之间只留下一个单个 B。在后一种情况下,该 B 博弈方就可以与 **A** 中的第一个博弈方进行交换,且这种交换的阻力是 0。结果产生的吸收态具有较少的不同 A 群和 B 群。

不断地重复前一段中描述的过程直至所有的 A 贯通和所有的 B 贯通为止。然后按照前面说的那样继续下去直到我们达到目标状态 z。这种构造产生了一个吸收状态的序列,开始于 z' 而结束于 z,其中在每一对连续状态之间的阻力都为 a。这个路径不包括周期,因为不同群的数目永远不会增加;实际上每一次转移都使得某些群会缩小直至消亡。因此这些路径的并组成一个 z 树,其总阻力为 $a\,|Z^0|-a$。这就完成了随机稳定状态恰好就是分隔状态的证明。⑥

注释

① 这被称为 Picard-Lindelöf 定理。对于证明,参见文献 Hirsch and Smale (1974),第 8 章,或者文献 Hartman(1982, ch.2)。

② 对于这个版本以及其他版本的单调性的讨论,可以参见文献 Nachbar (1990);Friedman (1991);Samuelson and Zhang (1992);Weibull (1995);Hofbauer and Weibull(1996)。

③ 类似的结果在更弱的单调形式下也是成立的(Weibull,1995,Proposition

5.11)。在(3.6)式所定义的多种群复制动态中,严格的纳什均衡实际上**只是**渐进稳定状态(Hofbauer and Sigmund,1988;Ritzberger and Vogelsberger,1990;Weibull,1995)。如果 G 是由单个的人群进行的对称双人博弈,复制动态就可以有时混合纳什均衡的渐进稳定状态。混合的演进稳定策略(ESS)就是一个例子。对于这种情形的讨论,参见文献 Hofbauer and Sigmund(1988)和 Weibull(1995)。

④ 对于在有限的马尔可夫链上的这个和其他的标准结果,可参见文献 Kemeny and Snell(1960)。

⑤ 在维纳过程上,定理 3.1 与 Freidlin 和 Wentzell(1984)得出的结果是类似的。但是定理 3.1 并不能从他们的结果中推出来,因为他们需要我们所不能假定的各种正则性条件;况且,他们只是证明了对于无界定义域的结果。对于在具有反射壁的流形(manifold)上的维纳过程的类似结论,则由 Anderson 和 Orey(1976)获得。Anderson 和 Orey 的结果可用以分析在连续框架下的纳什均衡的随机稳定性,其中状态空间包含博弈者的混合策略。这个方法首先在文献 Foster and Young(1990)中使用。在那篇论文中对于势能函数的构造,除了 Freidlin 和 Wentzell 的文献之外我们本应该还要引用 Anderson 和 Orey 的文献的;这个错误在文献 Foster and Young(1997)中得到了纠正。

⑥ 即使每一个人都**严格地**偏好住在一个混合的居住区中而不是住在一个同质的居住区中,相同的结论也依然成立。假设每一个当事人具有效用 u^+,如果一个邻居与自己一样而另一个则与自己不同的话;具有效用 u^0,如果两个邻居都和自己一样的话;具有效用 u^-,如果邻居都和自己不一样的话。其中 $u^- < u^0 < u^+$。那样的话,具有最小阻力的不利交易(最低的净效用损失)就是那些要么具有相同类型的两个人交换位置,要么居住在混合居住区的具有相反类型的两个人交换位置。所有其他的不利交易都具有更大净效用损失因而具有更大的阻力。正如文中说明的那样,这就足以证明隔离状态要比非隔离状态拥有严格更低的随机势能。

小博弈中的适应性学习

在这一章里,我们考察双人博弈中适应性学习的性质,其中每个博弈方恰好具有两个行动。尽管这是一个特殊情形,但可用以说明很广泛的各类社会和经济的交互作用。我们先引入在 2×2 博弈中风险占优的经典概念,然后再表明它在各种关于学习过程的假设条件下与随机稳定的结果是一致的。然而在更大的博弈中,这两个概念是有区别的,我们将在第 7 章里加以说明。

4.1 风险占优

考虑一个具有如下得益矩阵的双人博弈 G:

	1	2
1	a_{11}, b_{11}	a_{12}, b_{12}
2	a_{21}, b_{21}	a_{22}, b_{22}

$$(4.1)$$

G 为一个协调博弈且具有纯策略纳什均衡(1,1)和

(2，2)，当且仅当其得益满足不等式：

$$a_{11} > a_{21}, b_{11} > b_{12}, a_{22} > a_{12}, b_{22} > b_{21} \qquad (4.2)$$

均衡(1，1)是**风险占优的**(risk dominant)，如果：

$$(a_{11} - a_{21})(b_{11} - b_{12}) \geqslant (a_{22} - a_{12})(b_{22} - b_{21}) \qquad (4.3)$$

类似地，均衡(2，2)是风险占优的，如果反向的不等式成立(Harsanyi and Selten, 1988)。如果不等式严格成立，则对应的均衡就为**严格**风险占优。[①]

当博弈是对称时，风险占优具有一个特别简单的解释。考虑对称的得益矩阵：

	1	2
1	a , a	c , d
2	d , c	b , b

$$a > d, b > c \qquad (4.4)$$

假设每个博弈方都不确定另一博弈方将要采取什么行动。如果每一方都先验地等而视之(即认为对方将要采取的各行动都有 0.5 的概率)，采用行动 1 的期望得益为 $(a+c)/2$，而采用行动 2 的期望得益为 $(d+b)/2$。一个期望效用最大化者将会选择行动 1，当且仅当 $(a+c)/2 \geqslant (d+b)/2$，即仅当 $a-d \geqslant b-c$。这等价于表明行动 1 是风险占优的，换言之，当每个博弈方对其对手采取行动 1 或 2 给予相等的可能性时，博弈双方都将会选择风险占优的行动。

在更加一般化的情形(4.1)中，我们可以引出如下风险占优的概念。定义均衡 (i, i) 的**风险因子**(risk factor)(这里 $i = 1, 2$)为最小的概率 p，使得一个博弈方相信另一博弈方将以严格大于 p 的概率采取行动 i，则 i 为要采取的唯一最优行动。[②]例如，考察均衡(2，2)。对于行博弈方而言，最小的这种 p 满足：

$$a_{11}(1-p) + a_{12}p = a_{21}(1-p) + a_{22}p$$

亦即,

$$p = (a_{11} - a_{21})/(a_{11} - a_{12} - a_{21} + a_{22}) \tag{4.5}$$

对于列博弈方而言,最小的这种 p 满足:

$$b_{11}(1-p) + b_{21}p = b_{12}(1-p) + b_{22}p$$

亦即,

$$p = (b_{11} - b_{12})/(b_{11} - b_{12} - b_{21} + b_{22}) \tag{4.6}$$

一般地,设

$$\alpha = (a_{11} - a_{21})/(a_{11} - a_{12} - a_{21} + a_{22})$$
$$\beta = (b_{11} - b_{12})/(b_{11} - b_{12} - b_{21} + b_{22}) \tag{4.7}$$

因而均衡 $(2,2)$ 的风险因子为 $\alpha \wedge \beta$。一般而言这里的 $x \wedge y$ 表示 x 与 y 中的最小者。类似地,均衡 $(1,1)$ 的风险因子为 $(1-\alpha) \wedge (1-\beta)$。一个 2×2 博弈中的风险占优均衡就是一个风险因子最低的均衡。因此均衡 $(1,1)$ 是风险占优的,当且仅当

$$\alpha \wedge \beta \geqslant (1-\alpha) \wedge (1-\beta) \tag{4.8}$$

或者均衡 $(2,2)$ 是风险占优的,当且仅当相反的不等式成立。一点点代数运算就可以表明 (4.8) 式等价于:

$$(a_{11} - a_{21})(b_{11} - b_{12}) \geqslant (a_{22} - a_{12})(b_{22} - b_{12}) \tag{4.9}$$

换言之,在一个 2×2 博弈中均衡是风险占优的,当且仅当它令从单方面偏离中的获益之积最大化(Harsanyi and Selton, 1988)。

4.2 2×2 博弈中的随机稳定性与风险占优

回忆一下,一个**惯例**就是一个形如 $(x, x, \cdots, x)$ 的状态,其中 $x = (x_1, x_2, \cdots, x_n)$ 是 G 的一个严格纳什均衡。在这样一个状态下,每个

人将继续扮演他们在 x 中的角色(不会犯错),因为 x_i 是唯一的最优反应,给定 i 的预期是其他每个人都采用他们在 x 中的那部分行动。

定理 4.1　设 G 为一个 2×2 协调博弈,且设 $P^{m, s, \varepsilon}$ 为有记忆 m、样本容量 s 和错误率 ε 的适应性学习。

(i)　如果信息是充分不完全的($s/m \leqslant 1/2$),则从任何初始状态出发,未受扰动的过程 $P^{m, s, 0}$ 以概率 1 收敛于一个惯例并锁入。

(ii)　如果信息是充分不完全的($s/m \leqslant 1/2$),且 s 和 m 充分大,则受扰动过程的随机稳定状态与风险占优的惯例一一对应。

证明: 设 G 为一个 2×2 协调博弈,并具有满足不等式(4.2)的得益矩阵(4.1),使得 $(1, 1)$ 和 $(2, 2)$ 都是严格的纳什均衡。设 h_1 和 h_2 表示与 m 的某个固定值相对应的惯例。状态 h_i 的**吸收域**(basin of attraction)被定义为状态 h 的集合,满足存在一个正概率使得不受扰动的过程 P^0 可在有限时期内从 h 转移到 h_i。设 B_i 表示 h_i 的吸收域,$i = 1, 2$。为了证明定理中的论述(i),我们需要证明 $B_1 \bigcup B_2$ 涵盖整个状态空间。

设 $h = (x^{t-m+1}, \cdots, x^t)$ 为一任意状态。存在一个正概率使得博弈双方从 $t+1$ 到 $t+s$ 的(包括这两期本身)每一期中都抽取前例 $x^{t-s+1}, \cdots, x^t$ 的这一特定集合的样本。由于 $\varepsilon = 0$,所以每个人都采用最优反应。暂且假定这些最优反应是唯一的,比如说 $(x_1^*, x_2^*) = x^*$。则我们得到一个从 $t+1$ 期到 $t+s$ 期的**串**(run)$(x^*, x^*, \cdots, x^*)$。(如果对于某个博弈方而言最优反应有平局时,仍然会有一个正概率使得同一对最优反应 $(x_1^*, x_2^*) = x^*$ 也会在 s 个时期中被选用,因为所有最优反应都有一个被选中的正概率。)注意该论述使用了前提假设 $s \leqslant m/2$。如果 s 相对于 m 过大,则前例 $x^{t-s+1}, \cdots, x^t$ 中的某些将在 $t+s$ 期前消亡,这会与我们的前提假定互相矛盾,我们的前提假定是他们连续 s 期选取了某个**固定**的前例集合作为样本。

一方面,假定 x^* 是一个协调均衡,亦即 $x^* = (1, 1)$ 或者 $x^* = (2, 2)$。存在一个正概率使得从 $t+s+1$ 期一直到 $t+m$ 期博弈双方都将从这一串中抽样。对于任何这种抽样 i 的唯一最优反应就是 $x_i^* (i = 1, 2)$。因此,

到 $t+m$ 期为止,存在一个正概率使得过程将达到惯例 $(x^*, x^*, \cdots, x^*)$。

另一方面,假设 x^* 不是一个协调均衡。则 $x^* = (1, 2)$ 或者 $x^* = (2, 1)$。不失一般性,可假定 $x^* = (1, 2)$。存在一个正概率使得从 $t+s+1$ 期一直到 $t+2s$ 期,行博弈方将继续从序列 $(x^{t-s+1}, \cdots, x^t)$ 中抽取样本并采取行动 1 作为最优反应。同时还存在一个正概率,使得列博弈方从这个串中抽样,因而也采取行动 1 作为最优反应。这样,从 $t+s+1$ 期一直到 $t+2s$ 期,我们就得到一个形如 $(1, 1)$, $(1, 1)$, $\cdots$, $(1, 1)$ 的连续串。从这一点可以清楚地看到,过程以正的概率收敛于惯例 h_1。

这样我们就证明了从任何初始状态出发,存在一个正概率使得在有限期内达到 h_1 和/或 h_2。这意味着未受扰动过程的唯一常返类就是吸收状态 h_1 和 h_2,正如论断(i)中所说的那样。

为了证明论断(ii),我们运用定理 3.1。设 r_{12}^s 表示在所有始于 h_1、终于 h_2 的路径中最小的阻力,它是样本容量 s 的函数。很明显,这与所有始于 h_1 而终于 B_2 的路径中的最小阻力相等,因为在进入 B_2 之后,无需进一步犯错就可以达到 h_2。再类似地定义 r_{21}^s。

设 α 和 β 由(4.7)式所定义。并且,对于任何实数 y,令 $[y]$ 表示大于或等于 y 的最小整数。假设过程处于吸收状态 h_1,其中行博弈方和列博弈方都在连续的 m 期中选择行动 1。要让行博弈方宁愿选择行动 2 而非行动 1,则在行博弈方样本中必须至少有 $[\alpha s]$ 次行动 2。这将以正概率发生,如果连续有 $[\alpha s]$ 个列博弈方错误地选择了行动 2。(注意这要用到所有样本均以正概率被抽取的假定。)这些事件的概率与 $\varepsilon^{[\alpha s]}$ 是同阶的。类似地,一个列博弈方只有当在列博弈方样本中至少有 $[\beta s]$ 次行动 2 时才会宁愿选择行动 2,而非行动 1。这将以正概率发生,如果连续有 $[\beta s]$ 个列博弈方错误地选择了行动 2,其概率与 $\varepsilon^{[\beta s]}$ 同阶。

这意味着从 h_1 到 h_2 的阻力是 $r_{12}^s = [\alpha s] \wedge [\beta s]$。类似的计算表明 $r_{21}^s = [(1-\alpha)s] \wedge [(1-\beta)s]$。由定理 3.1,$h_1$ 是随机稳定的,当且仅当 $r_{12}^s \geqslant r_{21}^s$;类似地,$h_2$ 是随机稳定的,当且仅当 $r_{12}^s \leqslant r_{21}^s$。如果一个均衡是严格风险占优的话,比方说均衡 $(1, 1)$,则对于所有充分大的 s 有 r_{12}^s

$> r_{21}^s$，所以对应的惯例就是随机稳定的。另一方面，假设两个均衡对于风险占优是成平局的，则对于所有 s，有 $\alpha = 1 - \beta$ 且 $r_{12}^s = r_{21}^s$，故 h_1 和 h_2 都是随机稳定的，这就完成了对定理 4.1 的证明。

我们并不认为不完全性 $s/m \leqslant 1/2$ 的边界是最优的可能，但某种程度的不完全性对于定理 4.1 中（i）部分的成立则是必须的。为了明白为何如此，让我们考虑在第 2 章中所描述的礼仪博弈。设 $s = m$，并假设过程开始于一个未协调的状态，其中博弈方要么在 s 个时期中总是屈服，要么总是不屈服。由于各博弈方对整个历史作出反应，且错误率为零，故他们必定会再次不协调。这种不协调将永远持续下去，且这个过程将永远都达不到一个吸收状态。定理的论断（i）指出当信息充分不完全的时候这种周期性的行为是不可能发生的，因为不完全的抽样提供了足够多的随机变化（即使没有错误）使得过程偏离出这个周期。

4.3　谁先行？

为说明这个结果，考虑"谁先走"的这个一般化博弈。礼仪博弈就是一个例子；具有更大后果的另一个例子是求婚博弈。是预期男人向女人求婚，还是反过来？这个问题显然要受到社会习俗的影响：双方对于谁应该采取主动都有着预期，而这些预期是根据在相似情况下别人是如何行事而形成的。如果应该先行的人没有这么做，则另一方就会认为这是不感兴趣的标志。而如果不应该主动的人却主动了，则另一方可能会认为这过于鲁莽。简言之，做出错误的举动会有严重的后果。

这里隐含的博弈是对另一个博弈（谁先行，谁后行）的规则进行协调，我们可以将这种元博弈（metagame）看成一种纯协调博弈：如果双方没能协调，则他们的得益为零；如果他们协调了，则他们就得到要比非协调时更高的收益。为了使这个例子更加有趣，我们可以假设双方的得益

是不对称的。为了具体起见,设得益如下:

		男人	
		回应	求婚
女人	求婚	10, 7	0, 0
	回应	0, 0	9, 10

求婚博弈

随机稳定均衡是最大化双方得益之积的均衡。在这个例子中,(9,10)就是均衡,即男人求婚而女人回应。换言之,在许多短视的当事人的反复交往中,"男人求婚"均衡或是"惯例"性的均衡在大多数时间下将慢慢变成标准。

虽然这个例子被高度程式化了,而且得益也仅仅是为了说明目的而编造出来的,但是普遍性的要点在于:**一种惯例的稳定性取决于对于个人而言的福利后果**。进一步讲,惯例的选择并非是在个人水平上发生的,而是许多个人在对其直接面临的环境作出反应时形成的一种无意的结果。这个例子也说明博弈并不是像博弈论者喜欢假定的那样总是事前给定的;相反,博弈规则本身是由演进力量决定的社会构造之物(惯例)。为了进行一个博弈,对于有关的博弈规则人们必须具有共同的预期,并且假定这些预期(在某种程度上)是由前例形成的,这个假定看来似乎也是合理的。因而该理论表明惯例博弈的规则取决于他们的期望得益,而且当竞争是在两个不同的博弈形式之间进行时,最大化各方的期望得益之积的那一形式在长期中更可能被观察到。

4.4 随便博弈

当个人组成单个群体并且被匹配起来进行一个对称的博弈时,就产生了学习模型的一个自然变形。这本质上就是 Kandori、Mailath 和 Rob (1993) 所考察的情形。例如,考虑在第 1 章中所描述的通货博弈。在每一期的开始,随机抽取一个人,由他决定在当期进行所有的交易中携带金还是银。期望得益取决于总人群中携金者和携银者的相对比例。为了具体起见,我们假设有如下得益:

	金	银
金	3, 3	0, 0
银	0, 0	2, 2

通货博弈

这样的话,如果 p 是总人群中携金者的比例,则每一个携金者每期的期望得益为 $3p$,而一个携银者的期望得益为 $2(1-p)$。

一般地,设 G 是策略空间为 X_0 的对称双人博弈,且这个博弈是由包含 m 个人的单个社群进行的。行博弈方与列博弈方的得益函数分别为 $u_1(x, x')$ 和 $u_2(x', x)$,且两者相等。在每一期的期初,每个人都对当期中的所有来者采用某个纯策略。对于每一个 $x \in X_0$,设 k_x^t 表示决心在 t 期采用策略 x 的人数。t 期的**状态**因而就是一个整数的向量 $k^t = (k_x^t)$,满足 $\sum_x k_x^t = m$。

在这个框架中,适应性学习进行如下。设 s 为样本容量(在 1 与 m 之间的一个整数),并设 $\varepsilon \in [0, 1]$ 为错误率。假定在 t 期期末的状态为 k^t,在 $t+1$ 期期初:

(i) 从人群中随机抽取一个当事人。

(ii) 当事人以概率 $1-\varepsilon$,不重置地从频率分布 k^t 中随机抽取一个容量为 s 的样本,并对所产生的样本比例 $\hat{p}^t$ 作出一个最优决策。如果在最优决策中有平局的话,则每一个都以相等的概率被采用。

(iii) 当事人在 X_0 中以概率 ε 随机选取一个行动,每一个行动被抽取的概率是相等的。

适应性学习的单社群形式在结构上类似于(尽管不同于)以前曾描述过的双社群过程。特别地,假如 G 是一个对称的 2×2 协调博弈,则只要 $1 \leqslant s \leqslant m$,未受扰动的过程就以概率 1 收敛于一个惯例,并且只要 s

和 m 充分大,则风险占优的惯例就是随机稳定的。

4.5 计算稳态分布

随机稳定性告诉我们,当背景噪声越来越小的时候,各个状态以正概率保存下来,但是并没有说明当噪声仅仅是"很小"的时候,这些状态有多大的可能性存在。在事前,我们还不能说出多大的噪声是"合理的",因为这要取决于手头正在处理的具体问题。因为缺少这种估计,所以我们就可以饶有兴趣地问当噪声水平为正时,稳态分布 μ^ε 在多大程度上**近似于**它的渐进极限。在这一节中,我们将说明对于 2×2 随便博弈(playing-the-field game)如何得到分布 μ^ε 的一个准确估计,以便使我们感受一下当噪声很小但还不会消失时,随机稳定均衡被选择的强烈程度。回答是令人惊奇的,因为即使对 ε 的很大值(例如,$\varepsilon= 0.05$ 或 0.10)而言选择也可以是十分明显的,只要人口容量也是很大的话。[③] 其原因即将揭示。

图 4.1　对于给定状态 k 具有非零概率的唯一 k 树

考察矩阵(4.4)中的 2×2 对称协调博弈的单人群学习模型。我们将令 t 期的状态 k^t 为采取行动 1 的当事人数目;因此状态空间是一维的。令 $(\gamma,1-\gamma)$ 对每一个博弈方而言都是混合策略均衡,即 $\gamma= (b-c)/(a-d+b-c)$。假定 $\gamma<1/2$,即均衡 $(1,1)$ 是严格风险占优的。假定样本是完全的 $(s= m)$ 很方便,亦即每个博弈方对整个分布(包括自己)作出反应。设 $0\leqslant k^t\leqslant m$ 为 t 期的状态(采用行动 1 的当事人数目)。假定在 $t+1$ 期博弈方以概率 $1-\varepsilon$ 选择对于概率分布 $(k^t/m,1-k^t/m)$ 的一个最优反应,并且他以概率 ε 随机选择策略 1 或 2,每个策略被选择的概率

都是 $\varepsilon/2$。固定 $\varepsilon \in (0, 1)$。令 P^m 表示该过程的转移矩阵；亦即 $P^m_{kk'}$ 是在一期内从状态 k 转移到状态 k' 的概率。注意过程要么保持在原状态，要么转移到一个相邻的状态：$P^m_{kk'} > 0$，当且仅当 $k' = k-1$，k 或 $k+1$。转移概率如下：

$$
\begin{aligned}
&0 \leqslant k < \gamma m, \; P^m_{k,\,k+1} = (1-k/m)(\varepsilon/2), \\
&\quad P^m_{k,\,k-1} = (k/m)(1-\varepsilon/2) \\
&k = \gamma m, \; P^m_{k,\,k+1} = (1-k/m)(1/2), \\
&\quad P^m_{k,\,k-1} = (k/m)(1/2) \\
&\gamma m < k \leqslant m, \; P^m_{k,\,k+1} = (1-k/m)(1-\varepsilon/2), \\
&\quad P^m_{k,\,k-1} = (k/m)(\varepsilon/2)
\end{aligned}
\tag{4.10}
$$

由于唯一可行的一期转移都是转移到相邻状态（或相同状态），所以每个状态 k 都恰好与一个具有非零概率的 k 树相关联，即所有各边都位于线上且都指向 k 的树 T_k（见图 4.1）。

固定 $\varepsilon \in (0, 1)$。对于每一个正整数 m，设 $\mu^m(k)$ 表示在状态空间 $0 \leqslant k \leqslant m$ 上的过程 P^m 的唯一稳态分布。由引理 3.1，$\mu^m(k)$ 与唯一的 k 树 T_k 各边上的概率之积成比例。我们说，当 m 充分大时，$\mu^m(k)$ 将几乎所有的概率都放在状态 k 上，使得 k/m 接近于 $1-\varepsilon/2$。为了证明这一点，让我们通过定义对于每个实数 $w \in [0, 1]$ 的向右或向左转移的概率将（4.10）式扩展如下：

$$
\begin{aligned}
&0 \leqslant w < \gamma, \; R(w) = (1-w)(\varepsilon/2), \\
&\quad L(w) = w(1-\varepsilon/2) \\
&w = \gamma, \; R(w) = (1-w)(1/2), \\
&\quad L(w) = w(1/2) \\
&\gamma < w \leqslant 1, \; R(w) = (1-w)(1-\varepsilon/2), \\
&\quad L(w) = w(\varepsilon/2)
\end{aligned}
\tag{4.11}
$$

对于每个 $w \in [0, 1]$，定义：

$$v^m(w) = \prod_{i<wm} R(i/m) \prod_{i>wm} L(i/m) \qquad (4.12)$$

其中 i 的范围为整数 $0,1,2,\cdots,m$。注意对于整数 k，$v^m(k/m)$ 就是在唯一 k 树 T_k 上的边的转移概率之积，因而 $v^m(k/m)$ 与 $\mu^m(k)$ 成比例。我们将研究 m 变大时 $v^m(\,\cdot\,)$ 的形状。从 (4.12) 式中我们有：

$$(1/m)\ln v^m(w) = (1/m)\Big[\sum_{i<wm}\ln R(i/m) + \sum_{i>wm}\ln L(i/m)\Big]$$
$$(4.13)$$

对于每个 $w\in[0,1]$，定义函数 $v(w)$ 如下：

$$V(w) = \int_0^w \ln R(u)\,\mathrm{d}u + \int_w^1 \ln L(u)\,\mathrm{d}u \qquad (4.14)$$

则

$$\lim_{m\to\infty}(1/m)\ln v^m(w) = V(w) \qquad (4.15)$$

且在 $[0,1]$ 上的收敛是一致的。实际上，当人群容量 m 趋于无穷大且错误率 ε 固定时，$-V(w)$ 就是状态 w 的随机势能。（这个构造是相当一般的，且对于广泛的各类一维过程都适用。）

设 w^* 为 $v(w)$ 达到最大时的那一点。一阶条件为 $V'(w^*)=0$，该式当且仅当 $R(w^*)=L(w^*)$ 时才成立。这有两个解：$w^*=1-\varepsilon/2$ 和 $w^*=\varepsilon/2$。对 (4.14) 式的一个直接的估计表明 $w^*=1-\varepsilon/2$ 是唯一的全局最大值点。对于每一个小的 $\delta>0$，设 $F_\delta=\{w:|w-w^*|\geqslant\delta\}$ 且 $N_{\delta/2}=\{w:|w-w^*|\leqslant\delta/2\}$。则 $\sup\{V(w):w\in F_\delta\}<\inf\{V(w):w\in N_{\delta/2}\}$，且

$$\lim_{m\to\infty}\Big(\int_{F_\delta}\mathrm{e}^{mV(w)}\,\mathrm{d}w\Big/\int_{N_{\delta/2}}\mathrm{e}^{mV(w)}\,\mathrm{d}w\Big)=0 \qquad (4.16)$$

从该式与 (4.15) 式，我们推出对于所有充分大的 m，$v^m(\,\cdot\,)$ 以及 $\mu^m(\,\cdot\,)$ 都集中在 $w^*=1-\varepsilon/2$ 的一个 δ 邻域里，亦即，

$$\lim_{m\to\infty}\mu^m(\{k:|k/m-(1-\varepsilon/2)|\leqslant\delta\})=1 \qquad (4.17)$$

我们将此总结于下面的结论中：

定理 4.2　设 G 为一个具有严格风险占优均衡的 2×2 对称协调博弈，并设 $Q^{m,\varepsilon}$ 为在人口容量为 m、完全抽样、错误率为 ε 的随便博弈模型中的适应性学习，$0<\varepsilon<1$。对于每一个 $\varepsilon'>\varepsilon$，概率将任意高，使得当 m 充分大时，人群中至少有 $1-\varepsilon'/2$ 的人采用风险占优均衡。

这个结果表明，即使当个人犯下互相独立的错误的概率很大时，这些错误的总体也可能在人群水平上形成一个相当强的选择力。

注释

① 这个术语与 Harsanyi 和 Selten(1988)的稍有不同，后者的术语"风险占优"是意味着**严格**风险占优。

② 一个严格的纳什均衡是 **p 占优的**，如果对于任何如下信念而言每一个行动都是唯一的最优决策的话，这种信念认为另一个博弈方至少会以 p 的概率采取均衡中的行动(Morris, Rob and Shin, 1995)。

③ Binmore 和 Samuelson(1997)也持有类似观点。

5

学习过程的变形

在这一章中,我们将考察基本学习模型的各种扩展和变形。首先,我们考虑当人们具有不同量的信息并具有不同的效用函数时,即当社群是异质时,会发生什么。这可以影响随机稳定的结果,但是它无法从根本上改变选择过程的定性性质。第二,我们考虑另一个不同的噪声模型,其中的错误概率取决于错误的严重性,即取决于它所导致的得益损失的大小。我们证明对于对称的 2×2 博弈而言它并不改变随机稳定结果,该结果仍保持风险占优均衡。第三,我们引入一个对模型而言似乎较小的修改,其中博弈方对他们过去所有对手的行动赋予相同的权重(即,记忆是无限的)。正如我们将看到的那样,该模型具有从根本上与有限记忆模型不同的长期性质,特别是它的平均行为非常依赖于初始状态。

5.1 信息的异质性

考察当事人收集信息的过程。到目前为止我们已假定人们具有相似数量的信息（相同的样本容量），当然，尽管他们可能并不具有相同的信息。样本容量可以看作一个当事人的固有特征，并且反映了如下事实：人们是通过现有的社会关系网，而不是通过一个有意识的搜寻过程来获得他们的大部分信息。因此，一个人的样本容量取决于他与人接触的数量大小，这是他禀赋中的一部分。当人们具有不同的禀赋，亦即，当人群对于信息量而言是异质的时候，会怎么样呢？

让我们先这样考察这个问题，假定行博弈方具有一个（统一的）样本容量 s，而列博弈方则有另一个（统一的）样本容量 s'。设错误率 ε 对于所有博弈方都是相同的，并且设记忆 m 满足 $m \geqslant 2s \vee 2s'$。（一般而言，$x \vee y$ 表示 x 与 y 中的较大者。）设 G 为一个 2×2 协调博弈，且具有如下得益：

$$
\begin{array}{c|c|c|}
 & 1 & 2 \\
\hline
1 & a_{11}, b_{11} & a_{12}, b_{12} \\
\hline
2 & a_{21}, b_{21} & a_{22}, b_{22} \\
\hline
\end{array}
\tag{5.1}
$$

$$
a_{11} > a_{21},\ b_{11} > b_{12},\ a_{22} > a_{12},\ b_{22} > b_{21}
\tag{5.2}
$$

如同在式（4.7）中那样，定义：

$$
\begin{aligned}
\alpha &= (a_{11} - a_{21})/(a_{11} - a_{12} - a_{21} + a_{22}) \\
\beta &= (b_{11} - b_{12})/(b_{11} - b_{12} - b_{21} + b_{22})
\end{aligned}
\tag{5.3}
$$

如同定理 4.1 中的证明，很容易可以证明：在两个吸收状态 h_1 与 h_2 之间的转移阻力如图 5.1 所示。

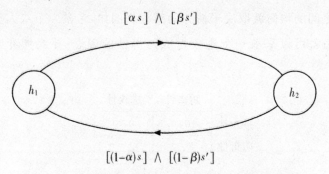

图 5.1 当行与列分别具有样本容量 s 和 s' 时的阻力

因此 h_1 是随机稳定的，当且仅当

$$[\alpha s] \wedge [\beta s'] \geqslant [(1-\alpha)s] \wedge [(1-\beta)s'] \tag{5.4}$$

现在问题产生了——是否具有更多信息的那一类人处境更好？答案依赖于博弈的结构。例如，考虑在第 4 章"谁先行"一节中引入的求婚博弈。则 $\alpha = 10/19$，$\beta = 7/17$，且阻力表如图 5.2 所示。

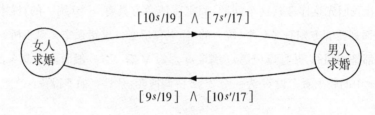

图 5.2　求婚博弈的阻力

当 $[9s/19] < [7s'/17]$ 时，"女人求婚"准则是随机稳定的，而若 $[9s/19] > [7s'/17]$，则"男人求婚"准则是随机稳定的。换言之，当 s/s' 充分大（且 s 和 m 也都充分大时），选择有利于女人：**有较少的信息**是一种优势。原因是拥有更少的信息意味着当事人能在面对另一方的"弱点"作出回应时更加灵活，亦即，更快地注意到并利用对他们有利的错误。

然而这只是硬币的一面，因为具有较少的信息同时也意味着当事人更可能屈服于另一方的"力量"，亦即，屈服于不利于他们的错误。这两种效应之间的均衡就取决于博弈的结构。例如，考察一个双人交往，其中每一方都可以采取一个进攻性或防御性的姿态（斗鸡博弈）。得益如下：

	防御性	进攻性
进攻性	10, 5	0, 0
防御性	7, 7	5, 10

斗鸡博弈

82

双方都进攻则成本很高,但双方都防御也不是一种均衡:在一个纯均衡中,一方是进攻性的而另一方则是防御性的。设行的人群具有样本容量 s,而列的人群样本容量为 s'。很容易就可以检查左上方是随机稳定的结果,如果 $[3s'/8] < [3s/8]$;而如果 $[3s'/8] > [3s/8]$,则右下方是随机稳定结果。因此在这个博弈中拥有更多的信息就是一个优势。

这种分析方式很容易扩展到每群人都是异质的情况。设 s 为在所有的行人群成员中最小的样本容量,并设 s' 为在所有列人群成员中最小的样本容量。很容易就可以证明,如果 m 至少两倍于 $s \lor s'$,则随机稳定的结果就由图 5.1 所示的阻力决定。

5.2　得益的异质性

当人群关于信息与得益方面都是异质的时候,也可以运用一个类似的方法。设每一个行当事人 r 具有样本容量 $s(r)$ 和 2×2 的得益矩阵 $A(r) = [a_{ij}(r)]$,这里 $a_{ij}(r)$ 满足(5.2)式的条件。类似地,设每一个列当事人 c 具有样本容量 $s(c)$,并且满足(5.2)式的 2×2 的得益矩阵 $B(c) = [b_{ij}(c)]$。因此博弈的**结构**对于任何一对当事人都是相同的,但是对于各种结果的相对效用的评估方面他们是不同的。根据每一个行当事人的得益矩阵 $A(r)$,我们就可以像(5.3)式那样计算 $\alpha(r)$;类似地,根据每一个列当事人的得益矩阵 $B(c)$ 我们也可以计算出 $\beta(c)$。一个当事人的**类型**是一个数对 (s, γ),其中 s 是当事人的样本容量。并且,如果当事人 r 是从行人群中抽取的话,则 $\gamma = \alpha(r)$;如果当事人 c 是从列人群中抽取的话,则 $\gamma = \beta(c)$。设 T 为行与列人群中所代表的所有类型的集合,并假定 T 是**有限的**。对定理 4.1 的证明的一个简单拓展就证明惯例 h_1 是随机稳定的,当且仅当

$$\min_{(s, \gamma) \in T} [\gamma s] \geqslant \min_{(s, \gamma) \in T} [(1 - \gamma)s] \tag{5.5}$$

而惯例 h_2 是随机稳定的，当且仅当相反的不等式成立。

5.3 其他噪声模型

现在我们转向下面这个问题：随机稳定结果对于错误被模型化的方式有多敏感。到目前为止我们的前提假定为所有博弈方犯错误的概率都是相同的，并且独立于系统的状态。在没有对博弈方为什么会犯错误进行确切的解释的时候，这个**统一错误模型**（uniform error model）看来是最为自然的假定。如果我们允许一个任意的错误结构，其中选择一个非最优决策的概率是状态依存的，则随着这些错误率趋于零，这个过程可以选择任何严格的纳什均衡——依赖于错误结构的细节（Bergin and Lipman，1996）。

然而我们也同样可以考虑，我们是否能以一种合理的方式来放松统一性的假定而又不改变随机稳定结果。在这里我们将要说明两个这样的变形。首先考虑当事人犯错时，他们的选择系统地偏向于一个策略而不是另一个策略的可能性。为了更加具体起见，设博弈如同（5.1）式中的那样，并假定均衡（1, 1）是风险占优的。假设每个博弈方都以概率 ε 处于"错误模式"之中，并且当处在错误模式时，他以概率 λ 选择行动 1，而以概率 $1-\lambda$ 选择行动 2，其中 $0<\lambda<1$。（在前面的模型中，我们是假定 $\lambda=1/2$。）当 ε 很小时，在两个惯例 h_1 和 h_2 之间转移的概率如下：对于某些正的常数 C 和 C'：

$$\Pr\{h_2 \to h_1\} \sim C[\lambda\varepsilon]^{[(1-\alpha)s]\wedge[(1-\beta)s]}$$

$$\Pr\{h_1 \to h_2\} \sim C'[(1-\lambda)\varepsilon]^{[\alpha s]\wedge[\beta s]} \tag{5.6}$$

设 $v^{\varepsilon,\lambda}(h)$ 是稳态分布，它是 ε 和 λ 的函数。对于一个固定的 $\varepsilon>0$，当 λ 接近 0 时，惯例 h_2 具有高的概率，而当 λ 接近 1 时，惯例 h_1 具有高的概率。然而，如果我们将 λ 看作采取策略 1 的一个**固定倾向**，则对于

所有充分小的正的 ε,该过程总是倾向于惯例 h_1,它是风险占优的惯例。换言之,当噪声充分小时,个人对于采用一个策略而非另一个策略的偏向就会被社会对于采用风险占优均衡的偏向所冲掉。

这个观察可作如下一般化的拓展。设 $P^{m,s,\varepsilon}$ 为 n 人博弈 G 中的适应性学习,该博弈具有有限策略空间 $X = \prod X_i$,人群类别为 C_1,C_2,$\cdots$,C_n。假设只要在给定的状态 $h \in X^m$ 下,一个 i 当事人(扮 i 角色的当事人)处于错误模式中,那么他就会根据条件概率分布 $\lambda_i(x_i|h) \in \Delta_i$ 选择一个行动。分布 $\lambda_i(\cdot|h)$ 可以解释为当他处于不理智的情绪下并且状态为 h 时他采用各种行动的倾向。随机稳定状态独立于条件分布 $\lambda_i(\cdot|h)$,只要他们是时间齐次的,并且有完全的支持。

我们现在考察关于噪声的另一个不同的模型,其中偏离最优决策的概率取决于从这一偏离中所获得益的预期损失,这是由 Blume(1993,1995a,1995b)首创的一个方法。设 G 为具有如下得益矩阵的一个对称 2×2 博弈:

	1	2
1	a, a	c, d
2	d, c	b, b

$a > b, b > c$

考虑前一章中所讨论的随意博弈模型,其中存在一个包含 m 人的单个人群。一个**状态**就是一个满足 $0 \leqslant k \leqslant m$ 的整数 k,它确定了当前采用策略 1 的个人数目。在状态 k 中,设 $\pi_i(k)$ 为随便博弈中采用行动 i 的得益,这里为了分析方便我们假定博弈方亲自博弈。因此

$$\pi_1(k) = ak/m + c(1-k/m) \qquad (5.7)$$
$$\pi_2(k) = dk/m + b(1-k/m)$$

设 $(p_k, 1-p_k)$ 为一个代表性的当事人在 $t+1$ 期中采取策略 1 和 2 的概率,给定 k 是 t 期的状态。我们假设采取一个行动的**倾向**与其预期的得益呈指数型相关;亦即,对于某些正数 β,

$$p_k = e^{\beta \pi_1(k)} / [e^{\beta \pi_1(k)} + e^{\beta \pi_2(k)}], \beta > 0 \qquad (5.8)$$

我们称之为参数为 β 的**对数线性响应模型**（log linear response model），或者简称为 **β 响应模型**。为了理解该模型与具有统一的犯错概率 ε 的适应性博弈的区别，我们假设在状态 k，策略 2 是最优决策，亦即，$\pi_1(k) < \pi_2(k)$。设 $\Delta(k) = \pi_2(k) - \pi_1(k) > 0$ 并且设 $\varepsilon = e^{-\beta}$。当 β 很大时，(5.8)式意味着

$$p_k = e^{-\beta \Delta(k)} / (1 + e^{-\beta \Delta(k)}) \cong e^{-\beta \Delta(k)} = \varepsilon^{\Delta(k)} \qquad (5.9)$$

换言之，β 响应规则是一个受扰动的最优决策过程，其中不选择最优决策的概率近似于 $\varepsilon^{\Delta(k)}$，这里 $\Delta(k)$ 是选择次优策略的得益损失。

我们说在对称的 2×2 博弈中，这导致与统一错误模型相同的长期结果。设 $P^{m,\beta}$ 表示状态空间 $\{1, 2, \cdots, m\}$ 上的由 β 响应模型生成的马尔可夫过程。该模型显然是不可约的，因此它具有唯一的稳态分布 $v^{m,\beta}$。如果行动 1 是在状态 k 中的最优决策，则当 β 很大时，当事人选择行动 1 的概率就很高。换言之，当 $\beta \to \infty$ 时，β 响应的规则就趋近于最优决策规则。为了与我们前面的定义保持一致，我们说系统的一个状态是随机稳定的，如果 $\lim_{\beta \to \infty} v^{m,\beta}(k) > 0$。

在每一期中，过程要么保持当前状态不变，要么移到相邻的状态。因而每个状态都与一个唯一的有根树相联系，并且可以将稳态分布估测为一个关于 β 和人口容量 m 的函数，这要利用第 4 章"计算稳态分布"一节所描述的方法。该分析表明当 β 和 m 都很大时，$v^{m,\beta}$ 将几乎所有的概率都放在风险占优惯例的一个邻域上。亦即，对于任意 $p < 1$ 和任意 $\delta > 0$，只要 m 和 β 充分大，人群中至少有比例为 p 的人采用风险占优均衡，这一事件的概率至少为 $1 - \delta$。因此，这两个关于噪声的模型在对称的 2×2 博弈中产生了相似的渐近结果。然而这种等价性并不能扩展到一般的博弈上；事实上，如何在更加一般的情况中去刻画 β 响应模型的随机稳定结果，以及如何将模型的预测与统一错误模型的预测进行对照，都是尚无定论的问题。

5.4 无界的记忆

让我们现在考察学习过程的一个变形,其中当事人对过去行动的样本作出最优反应,不过他们偶尔也犯错误,但是记忆是无界的(即,他们从所有过去的行动中抽样)。这就产生了一个非遍历的过程,其长期行为与我们到目前为止所考虑的过程在性质上有所不同。为了简单起见,我们仅仅考虑 2×2 的博弈;在一般博弈中相应的动态将更为复杂。

设 G 为非退化的一个 2×2 矩阵博弈。考察一个样本容量为 $s \geqslant 1$,错误率 $\varepsilon > 0$,并且具有无限记忆的适应性学习。则状态空间与虚拟博弈相同,但过程是随机的而非确定性的。特别地,博弈方的反应具有可变性,它取决于恰好抽到的样本以及博弈方是否"颤抖"。因为样本容量是固定的,所以随着时间的流逝每个博弈方对历史中越来越小的部分作出反应。

如同对虚拟博弈(见第 1 章的相关部分)的分析一样,我们要研究当它被投影到人群比例空间时,这个过程的运动。每个博弈方具有两个行动,我们称为 A 和 B。设随机变量 $\hat{p}_1^t$ 为到 t 时为止行博弈方采用 A 的比例,$1 - \hat{p}_1^t$ 为采取 B 的比例。类似地,设 $\hat{p}_2^t$ 为到 t 时为止列博弈方采用 A 的比例,$1 - \hat{p}_2^t$ 为采取 B 的比例。这样在 t 期末该状态为 $\hat{p}^t = [(\hat{p}_1^t, 1 - \hat{p}_1^t), (\hat{p}_2^t, 1 - \hat{p}_2^t)] \in \Delta$。

在 $t + 1$ 期的开始,每一个博弈方从另一博弈方以前的行动中随机抽取一个样本,所有样本都是等可能抽取的。(如通常那样,博弈方的身份会随时间而变化。)每个博弈方都以概率 $1 - \varepsilon$ 对他的样本频率分布选择一个最优决策,且每个人都以概率 ε 随机选择一个行动。为了简便起见,假定若出现最优决策中的平局则选择 A。定义随机向量 $\hat{B}^t(\hat{p}^t) = [\hat{B}_1^t(\hat{p}^t), \hat{B}_2^t(\hat{p}^t)] \in \Delta$ 如下:

如果 i 在 $t + 1$ 期选择行动 A,则 $\hat{B}_i^t(\hat{p}^t) = (1, 0)$

如果 i 选择 B，则 $\hat{B}_i^t(\hat{p}^t) = (0, 1)$ $i = 1, 2$

注意 $\hat{B}_i^t(\cdot)$ 的实现值取决于博弈方在 t 时恰好抽取到的样本。设 t_0 为过程开始的时间，并且设 p^{t_0} 为初始状态。则对于所有的 $t \geqslant t_0$，

$$\hat{p}^{t+1} = \frac{t\hat{p}^t + \hat{B}^t(\hat{p}^t)}{t+1} \tag{5.10}$$

这个随机过程可以用一个茶壶机制来代表。[①] 想像有两个无限容量的茶壶，其中 U_1 代表行博弈方的茶壶，而 U_2 则代表列博弈方的茶壶（见图 5.3）。在 t 期末，每个壶中有 t 个球，球有两种不同颜色。白球对应于采取行动 A，而黑球则对应于采取行动 B。在 $t+1$ 期的开始，行博弈方以概率 $1-\varepsilon$ 进入列博弈方的茶壶中，并且从中随机拿出 s 个球；他将 1 个新球加到他自己的壶中，球的颜色取决于随机变量 $\hat{B}_1^t$ 的实现值，然后他将抽样的球放回壶 U_2 中。或者，他以概率 ε **不**抽样，而是仅仅将一个新球加到列博弈方的壶中，球的黑白是等概率的。列博弈方也遵照相似的步骤进行。

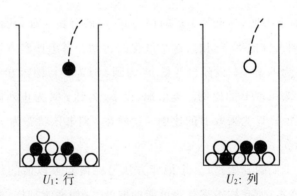

图 5.3　行和列博弈方过去的行为用两个壶中积累的有色小球来代表

我们将在下面这个假定下分析该过程，即假定博弈是非退化的并且对于行博弈方具有唯一的混合均衡 $(p_1^*, 1-p_1^*)$，对于列博弈方则为 $(p_2^*, 1-p_2^*)$。分辨两种情形是很有用的：(i) G 具有唯一的纳什均衡，而且是混合均衡；(ii) G 具有三个纳什均衡，两个纯的和一个混合的。我们可

以不失一般性地假定在后一种情形中，两个纯均衡为（A，A）和（B，B）。我们将先来处理这种情形。

第一步是考察二元随机变量 $\hat{B}_i^s(\hat{p}^t)$ 的分布。定义 $f_1^{s,\varepsilon}(p_2^t)$ 为行博弈方（$i=1$）在状态 p^t 时选择行动 A 的概率，定义 $f_2^{s,\varepsilon}(p_1^t)$ 为列博弈方（$i=2$）在状态 p^t 时选择行动 A 的概率。当 s 很大时，样本的比例（以很高的概率）与真实的比例 p_1^t 和 p_2^t 非常接近。当 $\varepsilon=0$ 且 s 很大时，这意味着实际上每个博弈方的行动以很高的概率针对真实的比例 p_1^t 和 p_2^t 作出最优决策。当 $\varepsilon>0$ 且 s 很大时，每个博弈方都将以近似等于 $\varepsilon/2$ 的概率选择一个非最优的决策。（当随机选择一个行动时，一个博弈方可能偶然会选择最优决策，所以不选择最优决策的概率大约为 $\varepsilon/2$。）这意味着当 s 很大时，$f_1^{s,\varepsilon}(p_2)$ 和 $f_2^{s,\varepsilon}(p_1)$ 都接近于**受扰动的最优反应函数**：

$$\phi_1^\varepsilon(p_2)=\begin{cases}\varepsilon/2 & \text{如果 } 0\leqslant p_2\leqslant p_2^*\\ 1-\varepsilon/2 & \text{如果 } p_2^*\leqslant p_2\leqslant 1\end{cases}$$

$$\phi_2^\varepsilon(p_1)=\begin{cases}\varepsilon/2 & \text{如果 } 0\leqslant p_1\leqslant p_1^*\\ 1-\varepsilon/2 & \text{如果 } p_1^*\leqslant p_1\leqslant 1\end{cases}$$

这些分步函数由图 5.4 中的虚线说明。

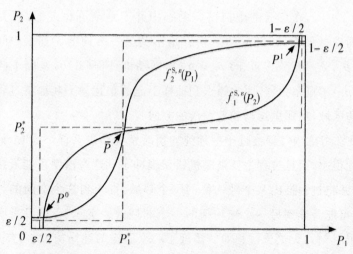

图 5.4　当博弈有两个纯均衡和一个混合均衡时的函数 $f_1^{s,\varepsilon}(p_2)$ 和 $f_2^{s,\varepsilon}(p_1)$

定义：

$$f^{s,\epsilon}(p) = (f_1^{s,\epsilon}(p_2),\ 1 - f_1^{s,\epsilon}(p_2),\ f_2^{s,\epsilon}(p_1),\ 1 - f_2^{s,\epsilon}(p_1)) \tag{5.11}$$

过程的**期望**增量运动由如下离散时间动态方程给定：

$$\Delta p^{t+1} = \frac{f^{s,\epsilon}(p^t) - p^t}{t+1} \tag{5.12}$$

我们可能会猜想，当 t 很大时，过程可能会像如下连续时间动态系统那样运行：

$$\dot{p} = f^{s,\epsilon}(p) - p \tag{5.13}$$

这个猜想其实是正确的。过程（5.13）的驻点为点 p，满足 $f^{s,\epsilon}(p)$ $= p$，它对应于 $f^{s,\epsilon}(p_2)$ 和 $f_2^{s,\epsilon}(p_1)$ 两曲线相交的交点。注意有三种这样的点，在博弈的每一个纳什均衡附近都有一个。运用随机近似理论，可以表明如果离散时间随机过程（5.10）收敛，则它必定收敛于连续时间动态（5.13）的一个驻点上。进一步讲，它以概率 1 不收敛于位于混合纳什均衡附近的内部驻点上（Kaniovski and Young, 1995）。

这一结果具有如下直观解释。内部的纳什均衡，对应于图 5.4 中的点 $(p_1^*,\ p_2^*)$，在普通的虚拟博弈动态中并不是渐进稳定的，因为在东北和西南区域中，预期运动是朝着角落的某一方向的。如果中间的交叉点 $(\bar{p}_1,\ \bar{p}_2)$ 充分接近于 $(p_1^*,\ p_2^*)$，则随机过程（5.10）实际上收敛到 $(\bar{p}_1,\ \bar{p}_2)$ 的概率为零，因为错误和抽样引起的小扰动不断地将过程推入邻近的区域，在那里运动朝着角落的方向。

现在考虑当过程接近于一种纯均衡时情况会怎么样。这时，抽样的可变性很小，而且过程主要被随机错误缓冲了。这些错误可能最终积累起来，并将过程推出某个纯均衡的一个邻域，推入到这个空间的其他地方，很可能是推到另一个纯均衡的一个邻域内。实际上，可以表明在任意有限时刻 t，无论该过程如何接近于一个给定的纯均衡，总是有一个正概率使得它最终转移到另一个纯均衡的邻域中，并且不再返回。然而，这些大的偏离概率都会随着过程接近于一个或者另一个纯均衡而逐渐减小；事实上，从任一初始状态出发，过程几乎肯定地收敛于曲线 $f^{s,\varepsilon}(p)$ 上那些接近于纯均衡的不动点中的某一个。由于收敛到这些点中每一个点的概率取决于初始状态，因而该过程是非遍历的。

在具有唯一纳什均衡（它是严格混合的）的 2×2 博弈的情形中，曲线 $f^{s,\varepsilon}$ 恰好有一个交点 $\bar{p}=(\bar{p}_1,\bar{p}_2)$。在这种情形下，从任何初始状态出发，过程都以概率 1 收敛到 $\bar{p}$。我们将这些观察总结到下面的定理中：[②]

定理 5.1　设 G 为一个 2×2 的博弈，并且设 $P^{\infty,s,\varepsilon}$ 为具有无限记忆，样本容量为 s，错误率为 ε 的适应性学习。

（i）如果 G 有三个均衡——两个纯均衡一个混合均衡，则过程就会以概率 1 收敛于与某个纯均衡任意接近的一点上，只要 s 充分大，且 ε 充分小。

（ii）如果 G 具有唯一一个均衡，且是混合均衡，则该过程以概率 1 收敛于与这一点任意接近的一点，只要 s 充分大，并且 ε 充分小。

当引入其他种类的扰动时，这个结果也是成立的。例如，假设得益为随机变量，这反映了当事人效用函数的异质性。可以证明如果得益是以某种行为良好的分布函数（比方说，一个正态分布）独立分布的话，则定理 5.1 继续成立，只要这个分布的方差充分小。

将这类学习过程与我们以前分析过的学习过程区分开来的特征就是过去对于现在投下了一个渐渐变长的阴影。因此，过程随时间渐渐慢下来：在 t 期采取的每一个行动都以一个与 $1/t$ 成比例的概率切换状态，围绕着预期运动的变化（产生于错误和不完全抽样）也与 $1/t$ 同阶。这导致非遍历的行为。

虽然这一情形从理论角度来讲是饶有趣味的，但作为一个行为模型却并不令人信服。事实是人们对最近的事件要比对很久以前的事件赋予更大的重要性；实际上，前例可能变得如此"过时"，以至于博弈方把它们全部都忽略了（或者关于它们的信息都丢失了）。我们已经通过假定记忆是有限的而将这个思想模型化了,这对于分析的目的而言是十分方便的。另一个不同的方法会假设人们对过去行为的重要性进行打折,或者他们以这样的概率抽取过去行动的样本,这个概率随着该行动发生后时期的长短以指数形式递减。关于虚拟博弈的这些以及其他变形的讨论,请见文献 Fudenberg and Levine(1998)。

5.5 其他学习模型

以上考虑的变形都属于最优决策动态学的一般范畴。当我们背离这类学习规则时,就可能会得出相当不同的结果。例如,Robson 和 Vega-Redondo(1996)研究了一个学习过程,其中博弈方模仿其他人的行为。特别地,他们考虑了一个**对称** 2×2 协调博弈,它由一个包括当事人为偶数的单个人群进行。假设协调均衡(A,A)比协调均衡(B,B)具有严格更高的得益,但后者是风险占优的(工作—偷懒博弈就是一个例子)。想像在每一个时期内,当事人都进行好几个回合的博弈,而且在每一回合之前都随机地重新匹配。在每一期内,每个当事人决心对于所有回合都采用某个固定的行动(A 或 B)。在期末,每个当事人都观察到别人的行动和他们即将得到的得益。在最简单的模型中,每个当事人都以概率 $1-\varepsilon$ 采取那个使得平均得益在前一期中最高的行动,并且以概率 ε 选择得益最低的行动。得益的平局可由抛一个公平的硬币加以解决。

当 $\varepsilon = 0$ 时,每个人都采用相同行动的状态是吸收性的,因为只有一件事可以模仿。当 $\varepsilon > 0$ 时,过程可能从一个协调均衡翻变为另一个均衡。为了计算这些翻变的概率,我们使用在第 3 章中发展出来的方法。为了简单起见,我们假设每一期只能进行一个回合的博弈(这并不在任何重要的方面改变分析)。考虑每一个人都选择行动 B(风险占优均衡)的状态。在下一期的开始,两个博弈方都将采取行动 A,并且他俩将被匹配成对的概率与 ε^2 同阶。这样每个人都认为行动 A 要比行动 B 产生更高的得益,因而在下一期每个人(除了那些犯错误的人之外)都将选择行动 A。这意味着从全 B 状态转移到全 A 状态的阻力等于 2,而独立于人口容量。

另一方面,假设过程处于全 A 状态,并且有两个当事人随后变异为 B 博弈方。如果变异者互相匹配,则行动 B 的平均得益要低于行动 A 的平均得益,所以过程恢复到全 A 状态。假如两个变异者与 A 博弈方匹配,则行动 A 的**平均**得益仍超过行动 B 的**平均**得益,只要有足够多的其他当事人(他们所有人都采用 A)。这样,当人口容量足够大时,就需要两个以上的错误才能从全 A 状态转移到全 B 状态。

这个分析突出了如下事实:长期稳定性取决于学习过程的细节。虽然风险占优均衡在各种基于最优决策动态学的模型中是稳定的结果,但是该结论对于其他类的动态却并不一定成立。然而演进方法的要点却不是在事前先验地支持某一个或另一个均衡,而是想表明,当个人面对复杂且不断变化着的环境想尽可能地去适应它时,均衡是如何产生的(和被取代的)。

注释

① 对于茶壶机制的讨论,可以参见文献 Eggenberger and Polya(1923); Feller(1950);Hill, Lane and Sudderth(1980);Arthur, Ermoliev and Kaniovski(1987)。

② 定理 5.1 的证明由 Kaniovski 和 Young(1995)给出。Benaïm 和 Hirsch(1996)也曾独立地证明了一个类似的结果。Arthur, Ermoliev 和 Kaniovski(1987)指出,定理 5.1 将与标准的随机近似一样,如果过程具有一个李雅普诺夫函数,但是他们并没给出这样一个函数。Fudenberg 和 Kreps(1993)曾使用李雅普诺夫理论来处理具有唯一的纳什均衡(是混合均衡)并且具有产生于得益颤抖的随机扰动的 2×2 博弈的情形。

局部交互作用

到目前为止，我们已经考察了当事人生活在一个全局的环境中并且彼此之间是完全随机地相互影响的学习模型。然而，在现实中，人们被自己所处的地区、语言、文化、职业和上千个其他种可以影响他们相互见面的变量所分开。在这一章中我们将表明如何将局部交互作用效应纳入到分析中来。首先我们讨论适应性博弈的一个变形，其中每一个当事人主要与生活在附近的当事人相互交往。然后我们再考虑每个当事人只与一组固定的邻居相互交往的情形。

考虑一个具有有限行动集 X 的对称双人博弈 G，它由 m 个当事人所组成的单个人群进行。设 $u(x, x')$ 为行动对 (x, x') 对于行博弈方的效用，而 $u(x', x)$ 则为列博弈方的效用。假定博弈方分布于某个空间，该空间使得我们可以定义任何两个人之间的社会或是地域的"距离"（这个距离函数的细节并不重要）。在这种情况下，不是用以前选择的历史来表示状态；相反，更方便的做法是用人群中每个人在当前（或者是最近期的）行动的选择来代表状态。更具体地说,给定时刻 t 的**状态**是向量 $x^t \in X_0^m$,其中 $x_i^t \in X_0$ 是博弈方 i 在当前的行动选择,$1 \leqslant i \leqslant m$。

过程的运作与第 4 章所描述的随意博弈(playing the field)模型非常相似。在 $t+1$ 期的开始,从人群中随机抽出一个当事人。然后他再从总人群中抽出一个有 s 个当事人的(不重置的)样本,并且计算他们在 t 期采取的行动的样本频率分布 $\hat{p}^t \in \Delta(X_0)$。当事人以高概率选择对 $\hat{p}^t$ 的一个最优决策,以低概率选择一个非最优的决策。这里的新颖之处是抽取一个特定样本的概率取决于抽样的当事人与那些他所抽取的当事人的住处之间的关系。直观的想法是一个人更可能了解到那些发生在附近地区的行动而不是发生在很远地区的行动。由于当事人之间的空间关系是固定的,所以一个给定的当事人抽取任何特定的某一个样本的概率也是固定的。

现在考虑一个假想的在两个状态之间的单期转移,比方说 $x \to x'$。要使这个转移在受扰动的或者不受扰动的过程中发生,就必须恰好有 1 个当事人 i 选择 x_i'(有可能 $x_i' = x_i$),而其他所有的当事人保持他们原来的选择。在未受到扰动的过程中,转移的可行性取决于样本 i 以正概率抽到的是什么,以及对于这些样本中的一个或者更多个来说 x_i' 是否是最优决策。这意味着一个转移的可行性只取决于 i 的样本分布的**支集**(support)。因而未受到扰动的过程的常返类只取决于当事人样本分布的支集。

现在考察在受到扰动的过程中的一个转移 $x \to x'$。该转移的阻力决定于处于状态 x 的时候,在 i 的抽样频率分布 $\hat{p}^t$ 的所有可能的实现值中,i 会选择 x_i' 的最大的概率。这也是只取决于 i 的抽样分布的支集。因而这样一个过程的随机稳定状态只取决于当事人的抽样分布的支集。现在假设当事人**主要**从生活在附近的人那里获取信息,但有时他们也与住得很远的人来往。在这种情形下,可以合理地假定每个可能的样本都有一个正概率被任何给定的当事人抽取,亦即抽样分布是有着全支集的。如果情况如此,则由前面的论述可知随机稳定状态将**独立**于当事人空间分布的任何特定方式。换言之,交互作用结构的拓扑学并不影响随机稳定状态。拓扑所影响到的是在均衡制度之间过程移动的**速率**。在其他条件相等的时候,当人们在一个小的关系紧密的团体间相互交往时,惯性要远远小于当他们纯粹随机地互相交互影响时的惯性,我们将在后文看到这一点。

6.1 在图上进行的博弈

现在我们专注于当每个当事人**仅仅**同固定的一群邻居交往时的情形[①]。为了模型化这种情形,设想每个当事人位于图 Γ 的一个顶点上。m 个顶点(或"结点")的集合将用 V 来表示,无向边的集合用 E 表示。每一条无向边 $\{i, j\}$ 有一个正的权重 $w_{ij} = w_{ji}$ 来度量它的相对"重要性"。顶点 i 与 j 是**邻居**,如果 i 与 j 由一条边线相连,即如果 $\{i, j\} \in E$。给定顶点 i 的所有邻居的集合用 N_j 来表示。在接下来的分析中,我们将总是假定 Γ 没有孤立的顶点,即 $N_i \neq \varnothing$,对于所有 i 成立。过程的**状态**是一个向量 $x \in X_0^m$,使得对于每个 $i \in V$ 而言,$x \in X_0^m$ 都是博弈方 i 的当前行动。用 Ξ 来表示状态的集合。每个个体 i 只与他的邻居相互作用。特别地,他从他的邻居那里获得信息,并且与他的邻居进行博弈。假定在状态 x 中 i 的一期得益是他与每个邻居进行博弈的得益的加权和:

$$v_i(x) = \sum_{j \in N_i} w_{ij} u(x_i, x_j) \tag{6.1}$$

更具体地,我们可以认为 i 在一给定时期内与邻居 j 进行了 w_{ij} 次博弈。或者,i 每一期与邻居 j 博弈一次,而 w_{ij} 则度量了 $i-j$ 交互作用的"重要性"。

等式(6.1)定义了每一期进行的一个 m 人博弈的得益函数,称为**空间博弈**(spatial game)。状态 x 是空间博弈的一个**纳什均衡**,如果对于每一个 i 和每一个 $x' \in X_0$ 都有

$$\sum_{j \in N_i} w_{ij} u(x_i, x_j) \geqslant \sum_{j \in N_i} w_{ij} u(x', x_j) \tag{6.2}$$

考虑下面的例子:博弈方都是国家,每个国家都可以选择两个行动中的一个——给靠左行的路规立法或是给靠右行的路规立法。用图的一个顶点代表每个国家,并且如果它们有一个共同边界时则用一条边线将两国连接起来。让我们用两国间的跨境交通的数量来为每条边线加上权重。这样,如果一国选择靠左行的规则,那么得益等于连接那些也使用相同规则的邻居的所有边线的总的权重。换言之,得益线性地取决于跨境后无需换到道路另一边的车辆的数目。

图 6.1 说明了一个具体的例子,其中为了简单起见,所有的边界都假定为具有相等的权重(而且权重被省略了)。由于每个国家都有奇数个邻国,所以状态是这个空间博弈的一个纯纳什均衡,当且仅当每个国家都采纳它的大多数邻国所遵循的规则。有 4 种不同的纯均衡模式(图中所示的那些),总共就有 16 个纯均衡。其中除了两个例外,其他所有都是在空间上异质的,其中不同的惯例同时并存。

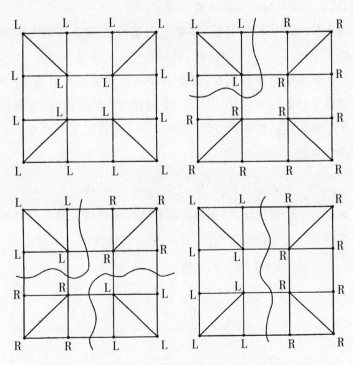

图 6.1 具有 16 个顶点的空间博弈的均衡类型

上述的空间模型是静态的。现在我们将它放到在以前章节所讨论的那类适应性学习的过程中去,我们沿用 Blume(1993)的方法。考虑一个定义在图 Γ 之上的空间博弈,并设 x^t 为 t 期末的状态。在 $t+1$ 期的开始,一个当事人(亦即一个顶点)i 被随机抽取,并且 i 根据概率分布 $p_i^\beta(z|x^t)$ 来选择一个行动 $z \in X_0$,其中对于某个 $\beta > 0$,

$$p_i^\beta(z \mid x^t) \propto e^{\beta v_i(z, x_{-i}^t)} \qquad (6.3)$$

这是在第 5 章中所讨论的对数线性响应规则的空间版本。当系数 β 很大时,它就相当于具有小扰动的最优决策过程,其中选择非最优决策的概率随着选择它的得益的损失而呈指数型的下降。

设 $P^{\Gamma,\beta}$ 为相关的马尔可夫过程的转移矩阵。很明显 $P^{\Gamma,\beta}$ 是不可约的,所以它具有一个唯一的不变分布 $\mu^{\Gamma,\beta}(x)$。现在的问题是估计极限分布 $\lim_{\beta \to \infty}\mu^{\Gamma,\beta} = \mu^{\Gamma,\infty}$。$\mu^{\Gamma,\infty}$ 赋之以正概率的状态是随机稳定的。在长期中,它们将比其他状态以更高的概率被观察到。

极限分布的计算特别容易,如果它的基础博弈是一个势能博弈的话。回忆一下,G 是一个势能博弈,如果存在某一个实值函数 $\rho(x, y)$,以及效用函数的一个重新刻度,使得只要博弈方单方面地偏离,得益的变化量就等于势能的变化量。对于一个对称双人博弈而言,这等价于说存在一个对称势能函数 $\rho(x, y) = \rho(y, x)$,使得对于 u 的某个重新刻度和对于所有的 x, x', $y \in X_0$,有

$$u(x, y) - u(x', y) = \rho(x, y) - \rho(x', y)$$

假如 G 是一个势能博弈,则相关的在任何加权图上的空间博弈也是一个势能博弈。为了看出这一点,设 x 为空间博弈的一个状态,并且设当事人 i 偏离,比如说选择了 x_i'。设 $x' = (x_i', x_{-i})$,则:

$$
\begin{aligned}
v_i(x) - v_i(x') &= \sum_{j \in N_i} w_{ij}[u(x_i, x_j) - u(x_i', x_j)] \\
&= \sum_{j \in N_i} w_{ij}[\rho(x_i, x_j) - \rho(x_i', x_j)] \\
&= \sum_{\{h, k\} \in E} w_{hk}\rho(x_h, x_k) - \sum_{\{h, k\} \in E} w_{hk}\rho(x_h', x_k')
\end{aligned}
$$

这意味着

$$\rho^*(x) = \sum_{\langle h,k\rangle \in E} w_{hk}\rho(x_h, x_k)$$

对于空间博弈而言是一个势能函数。

定理 6.1 设 G 为具有势能函数 ρ 的一个对称势能博弈，并设 Γ 为一个有限的加权图。对于每个 $\beta > 0$，空间适应性过程 $P^{\Gamma,\beta}$ 具有唯一的稳定分布

$$\mu^{\Gamma,\beta}(x) = e^{\beta\rho^*(x)} / \sum_{z\in\Xi} e^{\beta\rho^*(z)} \tag{6.4}$$

并且这个空间博弈的随机稳定状态是那些最大化 $\rho^*(x)$ 的状态。

稳态分布 $\mu^{\Gamma,\beta}(x)$ 是一个吉布斯分布（Gibbs distribute）的一个例子，而后者在统计力学中扮演着非常重要的角色（Liggett，1985）。

由于定理 6.1 的证明是相当短的，所以我们将在这里给出来，为了使记号简明，$\mu^{\Gamma,\beta}$ 和 $P^{\Gamma,\beta}$ 就写成 μ 和 P。**详细的平衡条件**表明：

$$\mu(x)P_{xy} = \mu(y)P_{yx}，对于所有的 x, y \in \Xi \tag{6.5}$$

我们说当 $\mu = \mu^{\Gamma,\beta}$ 如（6.4）式中所定义的那样时，这个条件成立。首先注意到 $P_{xy} = P_{yx} = 0$ 除非 $x = y$ 或者 x 与 y 恰好仅在一个位置 i 上是不同的，即 $y_i \neq x_i$ 和 $y_j = x_j$，对于所有 $j \neq i$。由于在任何给定的时期 i 有 $1/m$ 的概率被选择，所以这就意味着：

$$\mu(x)P_{xy} = \left[(1/m)\exp\{\beta\rho^*(x)\} / \sum_{z\in\Xi}\exp\{\beta\rho^*(z)\}\right]$$
$$\times \left[\exp\{\beta\sum_{j\in N_i} w_{ij}u(y_i, x_j)\} / \sum_{z_i\in X_0}\exp\{\beta\sum_{j\in N_i} w_{ij}u(z_i, x_j)\}\right]$$

设：

$$\lambda = (1/m)/\left(\sum_{z\in\Xi}\exp\{\beta\rho^*(z)\}\right)\left(\sum_{z_i\in X_0}\exp\{\beta\sum_{j\in N_i} w_{ij}u(z_i, x_j)\}\right)$$

我们有等价的表达式：

$$\mu(x)P_{xy} = \lambda\exp\beta\{\sum_{\langle h,k\rangle \in E} w_{hk}\rho(x_h, x_k) + \sum_{j\in N_i} w_{ij}u(y_i, x_j)\}$$
$$= \lambda\exp\beta\{\sum_{\langle h,k\rangle \in E} w_{hk}\rho(x_h, x_k) + \sum_{j\in N_i} w_{ij}[u(x_i, x_j)$$

$$-\rho(x_i,\ x_j)+\rho(y_i,\ x_j)]\}$$
$$=\lambda\exp\beta\{\sum_{\{h,\ k\}\in E}w_{hk}\rho(y_h,\ y_k)+\sum_{j\in N_i}w_{ij}u(x_i,\ x_j)\}$$
$$=\mu(y)P_{yx}$$

这就证明了详细的平衡条件。这立即可以推出 μ 满足稳定性方程，因为

$$\sum_{x\in\Xi}\mu(x)P_{xy}=\sum_{x\in\Xi}\mu(y)P_{yx}=\mu(y)\sum_{x\in\Xi}P_{yx}=\mu(y)$$

由于过程是不可约的，所以它具有唯一的稳态分布，因而它必定为 μ。这就完成了对定理 6.1 的证明。

让我们来看看这个结果的两个运用。设 G 为一个 2×2 的对称博弈，它具有如下得益矩阵：

	A	B
A	$a,\ a$	$c,\ d$
B	$d,\ c$	$b,\ b$

(6.6)

则 G 为一个势能博弈，并且 ρ 可以选择如下：

$$\rho(A,\ A)=a-d\quad\rho(A,\ B)=0$$
$$\rho(B,\ A)=0\qquad\rho(B,\ B)=b-c$$

(6.7)

给定加权图 Γ 上的一个状态 $x\in\Xi$，设 $w_A(x)$ 表示所有那些两端的当事人都选择策略 A 的边线的总权重。类似地定义 $w_B(x)$。定理 6.1 说对于每个 $\beta>0$，状态 x 的长期概率为：

$$\mu^{\Gamma,\ \beta}(x)\propto e^{\beta\{(a-d)w_A(x)+(b-c)w_B(x)\}}$$

(6.8)

现在假设 G 为一个具有协调均衡（A, A）和（B, B）的协调博弈，即，$a>d$ 且 $b>c$。策略 A 是严格风险占优的，当且仅当 $a-d>b-c$；策略 B 是严格风险占优的，如果相反的不等式成立的话。这意味着，随着 $\beta\to\infty$，稳态分布将所有的支集都放在那些其中每个人都在风险占优均衡上协调的状态上。如果没有一个均衡是严格风险占优的话（$a-d$

$= b - c$),则相似的论述说明:在每一个随机稳定状态中,在图的每一个相联通的组成部分之中,都有一个完全的协调,但是不同的组成部分可以在不同的策略上达到协调。我们将这个结果总结如下:

推论 6.1 设 G 为一个对称 2×2 协调博弈,并且设 Γ 为一个加权的有限图。在空间博弈中,适应性过程 $P^{\Gamma, \beta}$ 的随机稳定状态是那些每个相连接的部分都在风险占优均衡上达到协调均衡。

推论 6.1 的内容是说不同的惯例在短期或者中期可以并存,但是在每一个相连接的部分之内完全协调于长期中是最有可能的排列。在第 1 章中,我们指出欧洲驾驶惯例的演进遵循着一个与本模型所预测的差不多的模式。一个国家(法国)由于一个独癖性冲击而改变了它的惯例。然后新的惯例扩展到邻国,或是由于自愿的采纳或是通过武力,直至 20 世纪中叶为止,所有欧陆国家都已经采纳了靠右行的惯例。这样一个异质性的模式最终被一个同质性的模式所取代,尽管它花了 150 年的时间。也要注意连通性的重要性:在世界的这一区域中坚持到最后的是英国,由于最近通过隧道与大陆相连,所以如果它最终也转变为靠右行也就不会令人感到奇怪了。

6.2 交互作用结构与调整速度

尽管在实际中具有一种固定交互作用结构的学习是十分罕见的,但是正如上面例子所显示的那样,它并非是不可能的。更典型的情况是人们**主要**与他们的邻居来往,在这种情况下,随机稳定状态对于交互作用的概率而言是不变的,只要每个人都以正的概率(正如我们在本章开始时所讨论的那样)与其他每个人互相作用。而确实发生改变的是系统从一个均衡制度转移到另一个均衡制度的**速度**。当个人主要是与一小群邻居相互交往时,发生制度切换的速度可能要比单一交往的情形呈指数式地更加迅速。事实上,在一定条件下,从一个均衡制度变更到另一个制度的预期等待时间仅仅取决于与之相互作用的人群大小。在其他所有条件相同时，邻居组群的容量越小，他们越是紧密作用，则整个人群的转移时间就越快。这意味着转移可以发生得相当快，即使当错误率很小而且人口很大的时候。Ellison(1993)是第一个说明了这一点的人，他说明了当事人与同在一个圆周上的邻居发生相互作用。这里，我们将这个分析扩展到一般的交相作用的结构。

设 G 是具有如(6.6)式所示得益矩阵的一个对称 2×2 博弈，并设 ζ 为一类在结构上类似的局部交互作用结构（图形）。例如，ζ 可能包括所有的多边形，也就是人们被排成一圈后，每一个人与他左右两个人发生相互作用的结构。或者 ζ 可能包括所有嵌在一个环面上的正方形格子，在这种情况下每个人都有 4 个邻居。

对于给定的这类结构而言，我们所感兴趣的是估计等待时间，它是人口容量（顶点数）的一个函数。为了论述的方便，我们假定所有边线都有单位权重。我们也将适应性过程看作是在连续时间上运作。假定每个人在随机的时间里更新他的策略，这些时间则是由一个泊松到达过程决定的。在一个长度为 τ 的区间里，一个人更新策略的期望次数是 $\lambda\tau$，对于某个 $\lambda>0$。不失一般性，假定 $\lambda=1$，亦即平均来讲，假定每个人在每一单位时间区间内更新策略一次。我们假定更新在个人之间是独立同分布的。当某个人更新的时候，他是根据在(6.3)式中定义的 β 响应规则做的。用 $\bar{P}^{\Gamma,\beta}$ 来定义这个连续时间的过程。注意任何两个人恰好在同一时间更新的概率可以忽略不计。因此某个人以概率 1 在不同的时间更新，这些更新的时间就定义了一个离散时间的马尔可夫链，它与离散时间的过程 $P^{\Gamma,\beta}$ 有着相同的转移概率。

假定博弈 G 具有一个严格的风险占优均衡，比方说均衡(A, A)。给定 ζ 中的任意一个图像，定理 6.1 意味着随机稳定状态是每个人都采取行动 A 的一个排列。那预期要花多长时间才能使过程达到这个状态呢？答案取决于诸多因素，比如响应系数 β、图像的结构以及顶点的数目。

为了得到对这个问题的某些洞见，考察一个人，他正处于更新自己选择的过程中。他**不**选择一个最优决策的概率与 $e^{-\beta\Delta}$ 同阶，这里 Δ 是最优决策与非最优决策之间的得益之差。Δ 的大小取决于与他相互交往的人数。让我们假设在 ζ 的任何图像中，没有一个人与超过 k 个的邻居发生相互作用。换言之，每个人的网络大小都是有界的。则 Δ 被某个 Δ^* 给出上界，所以个人在任何一个给定的更新中选择 B 的概率以某个 $\epsilon^* > 0$ 给出下界。这就意味着当总人口的容量（顶点 m 的数目）很大时，在任一给定时间每个人都采取行动 A 的概率将任意小。因而等待过程达到该状态的期望时间可以是任意大。

然而，我们可能会问要花多长时间过程才能达到这样一个状态——在该状态下人群中很大**比例**的人将采用风险占优均衡（见 Ellison，1993）。考虑一个具有 m 个的顶点的图像 $\Gamma \in \zeta$。对于每一个状态 x，设 $a(x)$ 为采取行动 A 的人数，并设 $p(x) = a(x)/m$ 代表采用行动 A 的人的比例。给定 $p \in [0, 1]$，设 $W(\Gamma, \beta, p, x^0)$ 为直到人群中至少有 $(1-p)$ 部分都采取行动 A 的预期等待时间，前提是从状态 x^0 开始：

$$W(\Gamma, \beta, p, x^0) = E[\min\{\tau: p(x^\tau) \geqslant 1 - p\}] \qquad (6.9)$$

过程的 **p 惯性**是在所有的初始状态 x^0 上的最大预期等待时间，

$$W(\Gamma, \beta, p) = \max_{x^0 \in \Xi} W(\Gamma, \beta, p, x^0) \qquad (6.10)$$

当每个人都在开始的时候采取非风险占优的行动 B 时，它就成立了。

我们将表明 $W(\Gamma, \beta, p)$ 是由交互作用结构的局部密度所决定的，而不是由图像本身的大小决定的。亦即，当个人属于小而紧密连结的组群的时候，接近于随机稳定状态的等待时间就有了上界，而与人口容量无关。

为了证明这个结果，我们需要一个正规的"紧密连结"的定义。给定顶点集合 V 的任意两个非空子集 S 和 S'，设 $e(S, S')$ 表示一端在 S 而另一端在 S' 的边线数。顶点 i 的**度数**是 $d_i = e(\{i\}, V - \{i\})$，亦即，在顶点 i 处相交的边线数目。由假定知对于所有的 i，$d_i > 0$（没有一个顶点是孤立的）。给定顶点的一个非空子集 S 和一个实数 $0 \leqslant r \leqslant 1/2$，我

们说 S 是 **r 紧密连结的**（r-close-knit），如果

$$\forall S' \subseteq S, \ S' \neq \varnothing, \ e(S', S)/\sum_{i \in S'} d_i \geqslant r \qquad (6.11)$$

当 $S' = \{i\}$ 包括 S 中的单个顶点时，该定义表明 i 的交互作用中至少有 r 部分是与 S 的其他成员之间进行的。在这种情形中，S 被称为 **r 亲合的**（r-cohesive）（Morris，1997）。然而这不是一个令 S 为 r 紧密连结的充分条件。例如，假设 S 的每个成员都**恰好**具有 r 次与 S 的其他成员之间的交互作用，则 S 仅仅是（$r/2$）紧密连结的。原因是，在（6.11）式中 $S' = S$，在 S 的成员之间的每一次交往都在分子上计为 1 次，但在分母上计为 2 次。因此 r 亲合性仅仅意味着 $r/2$ 紧密连结性。特别是它意味着没有一个集合可以超过 $1/2$ 紧密连结。

给定一个正整数 k 和 $0 \leqslant r \leqslant 1/2$，我们说图 Γ 是（r, k）紧密连结的，如果每个人都属于容量至多为 k 的某一人群，且这个人群是 r 紧密连结。类似地，一个图像类 ζ 是（**r, k）紧密连结的**，如果该类中的每个图像都是（r, k）紧密连结的。

作为一个例子，考虑所有多边形的类。在一个多边形中，每一个顶点的度数为 2。k 个连续顶点的每个子集 S 都包含 $k-1$ 条边线，故 $e(S, S)/\sum_{i \in S} d_i = (k-1)/2k$。事实上很容易检验对于 S 的每一个非空子集 S' 而言，$e(S', S)/\sum_{i \in S'} d_i \geqslant (k-1)/2k$ 总是成立的。这意味着 k 个连续顶点的每个子集都是（$1/2 - 1/2k$）紧密连结的。由于每个顶点都包含在这样的一个集合中，所以多边形的类就是（$1/2 - 1/2k, k$）紧密连结的。作为第二个例子，考虑嵌在一个圆环表面的一类正方形的格。可以验证大小为 $k = h^2$ 的子正方形为（$1/2 - 1/2h$）紧密连结。因此这一类是（$1/2 - 1/2h, h^2$）紧密连结的。

下面的结果（在附录中被证明）表明惯性是有界的，只要每一个人都至少属于一个小而充分紧密连结的组群中。

定理 6.2 设 G 为一个具有如（6.6）式所示的得益矩阵的对称双人协调博弈。假定均衡（A，A）为严格风险占优的，亦即 $a - d > b - c > 0$。

设 $r^* = (b-c)/[(a-d)+(b-c)] < 1/2$，并设 ζ 为这样一个图像类，这类图像对于某个固定的 $r > r^*$ 以及某个固定的 $k \geqslant 1$ 而言都是 (r,k) 紧密连结的。给定任何 $p \in (0,1)$，都存在一个 β_p 使得对每个固定的 $\beta \geqslant \beta_p$，过程 $\overline{P}^{\Gamma,\beta}$ 的 p 惯性对于所有 $\Gamma \in \zeta$ 都是上有界，特别是它是有界的与 Γ 中的顶点数是无关的。

在前面我们就注意到多边形的类是 $(1/2-1/2k,k)$ 紧密连结的，并且正方形格子的类是 $(1/2-1/2h,h^2)$ 紧密连结的。给定一个具有严格风险占优均衡的 2×2 博弈，我们有 $r^* < 1/2$，所以我们必然可以找到整数 k 和 h，使得 $r^* < 1/2-1/2k$ 并且 $r^* < 1/2-1/2h$。因而定理 6.2 意味着对于任意严格处于 0 与 1 之间的 p，这些类中的图像的 p 惯性都是上有界的，而与人口容量无关。

该定理隐含的意思可以解释如下。考虑一个 (r,h) 紧密连结的图形 Γ。每个人都被包含在一个大小为 k 或者更小的 r 紧密连结的群体 S 中。这样的个人在单位时间区间内选择一个非最优决策的概率是由一个正数给出下界的，这个正数取决于 β、k、r 和得益矩阵，但是不依赖于特定的图像 Γ。由于这些参数是固定的，所以直至第一次 S 的所有 k 个成员都同时采取行动 A 为止的期望等待时间是有界的。这一旦发生，则 S 的紧密连结性就保证在每一个后续时刻中，S 中的每一个人都以高概率采取行动 A，而与 S 之外的博弈方做些什么没有关系（假定 β 是充分大的）。由于每个人都处于这样一个群体 S 中，而且过程对于所有个人都是同时进行的，所以直至第一次全体成员中的一个很高的**比例**都采取行动 A 的等待时间是有界的。

注意这个论述并不依赖于如下思想，即行动是由扩散而传播的（它们可能真的是这样传播的）。例如，如果一个局部的群体切换到行动 A，就更可能使得附近的人也将采取行动 A，这又更可能使得**他们的**邻居也都采取行动 A，如此等等。很明显这样一种过程进一步减少了等待的时间，但它也要求在交互作用结构中[2]有相当数量的连通性。定理 6.2 对于连通性没有作出什么假定。事实上，它也十分适用于包含有许多不同的相通部分的图像,每个部分的大小都为 k。这个结果背后的推动力是局部的强化作用:如果人们主要在一个小的群体中交互作用,则群体向风险占优均衡的任何切换都需要花很长的时间米毁坏掉,并且在此发生之前,其他大多数群体也都将完成向风险占优均衡的切换。

注释

①　对于局部交互作用模型及其应用的有关工作,可以参见文献 Blume (1993,1995a,1995b);Ellison(1993);Brock and Durlauf(1995);Durlauf(1997);Glaeser,Sacerdote and Scheinkman(1996);Anderlini and Ianni(1996)。

②　Morris(1997)研究了在一个交互作用网络中要使一个策略能够纯粹以扩散的方式在网络中得以蔓延所需的亲和力的大小。

一般博弈中的均衡与非均衡选择

在这一章中我们将注意力转向一般有限博弈中的演化选择。与前面章节一样,我们的注意力集中在当背景噪音很小的时候适应性学习的长期行为以及由这些行为产生的各种具有非消失性概率的制度。有两个在 2×2 的情况下不存在的特征出现了。第一,在长期中出现的那些状态不一定是博弈的均衡;相反,它们可能代表的是复杂的、非均衡的行为模式。第二,当过程确实选择了一个均衡的时候(就像在一个协调博弈中的那样),它典型地选择被解析性地刻画的唯一一个均衡。然而,不像 2×2 的情况那样,这些随机稳定均衡不一定是风险占优的。事实上,有一些协调博弈并不具有一个风险占优的均衡,但它们却总是有一个随机稳定均衡。

7.1 协调博弈

设 G 为一个 n 人博弈,它具有有限的策略空间 X_1,

$X_2, \cdots, X_n$ 和得益函数 $u_i: X \to R$,其中 $X = \prod X_i$。如同往常一样,$P^{m,s,\varepsilon}$ 是 G 上的一个适应性学习,记忆为 m,样本容量为 s,错误率为 ε。回忆一下,一个**惯例**就是具有形式 $h_x = (x, x, \cdots, x)$ 的一个状态,其中 x 是 G 的一个严格纳什均衡。有些博弈不具有严格的纳什均衡,而其他博弈具有很多。例如,在一个**协调博弈**中,每一个博弈方具有相同数量的 K 个策略,这些策略可以被排序,使得当每个人都采取他们的第 k 个策略时($1 \leqslant k \leqslant K$),它是一个严格的纳什均衡。因此每个协调均衡对应着一个惯例。适应性学习在这些均衡中进行选择,也就是说,只要当样本容量充分大,信息充分不完全,并且噪声充分小时,极限分布会将几乎所有的概率都放在一个(或多个)惯例上(这是下面定理 7.1 的结果)。为了避免在阻力函数上出现平局,过程选择了唯一的一个惯例。

然而,我们在 2×2 的协调博弈中所发现的随机稳定性与风险占优性之间的对应关系却并不能推广到一般的情形。实际上,对于某些协调博弈来说,风险占优甚至是没有定义的。为了看出为什么会如此,考虑一个双人协调博弈 G,其中的策略标为 1 到 K,从该策略对 (i, j) 中行博弈方获得的得益为 a_{ij},列博弈方为 b_{ij}。我们说协调均衡 (i, i) 在 G 中要**严格风险占优于** (j, j),记作 $(i, i)R(j, j)$,如果在策略 i 与 j 上的每个概率混合只有 i 或 j 作为最优决策,并且在通过限制 G 采用策略 i 和 j 而得到的 2×2 子博弈中,(i, i) 严格地风险占优于 (j, j) 的话(Harsanyi and Selten, 1988)。因此

$(i, i)R(j, j)$ 意味着

$$(a_{ii} - a_{ji})(b_{ii} - b_{ij}) > (a_{jj} - a_{ij})(b_{jj} - b_{ji}) \qquad (7.1)$$

一个均衡是**严格风险占优的**,如果它严格风险占优于 G 中的所有其他协调均衡。不幸的是,可能不存在这样的一个均衡,正如下面例子所示:

	1	2	3
1	2, 6	0, 1	1, 0
2	1, 0	3, 4	0, 1
3	0, 1	1, 0	4, 3

例 7.1 无风险占优均衡的得益结构

在这个例子中,很容易验证$(3,3)R(2,2)$,$(2,2)R(1,1)$,和$(1,1)R$ $(3,3)$,因此没有一个均衡是严格风险占优的。

即使当一个风险占优均衡存在时,它也可能不同于随机稳定均衡。考虑下面这个例子:

	1	2	3
1	5, 60	0, 0	0, 0
2	0, 0	7, 40	0, 0
3	0, 0	0, 0	100, 1

例 7.2　具有不同于随机稳定均衡的风险占优均衡的得益结构

由于非对角线上的得益统一为零,所以风险占优均衡就是那个最大化行与列博弈方得益之积的均衡,符合这种情况的就是均衡$(1,1)$[①]。

为了寻找到随机稳定均衡,构造一个具有 3 个顶点的有向图,每个顶点代表一个协调均衡(见图 7.1)。设 j 表示对应于均衡(j,j)($j=1$, 2,3)的顶点。在适应性过程中的对应状态就是在连续的 m 期每个人都共同采取 j 惯例。用 h_j 来表示这个状态。为了将过程推到惯例 h_k 的吸收域中,就要求一定数量的行或列博弈方错误地选择了行动 k。暂且先忽略整数问题,我们需要找到最小的比例 p^*,使得如果行博弈方中有 p^* 部分的人选择了 k,$1-p^*$ 部分的人选择了 j,则 k 对于列博弈方来说就是最优决策。很明显 p^* 是 $p^* b_k = (1-p^*)b_j$ 的解,亦即,$p^* = b_j/(b_j+b_k)$。类似地,设 q^* 为最小比例,满足如果列博弈方中的 q^* 部分选择 k 而 $1-q^*$ 的部分选择 j,则 k 是行博弈方的最优决策。很显然,$q^* = a_j/(a_j+a_k)$。设 s 为样本容量,这意味着转移 $h_j \to h_k$ 的阻力为:

$$r_{jk}^s = [sr_{jk}], \text{其中} \ r_{jk} = a_j/(a_j+a_k) \wedge b_j/(b_j+b_k) \quad (7.2)$$

我们将称数 r_{jk} 为**化简阻力**(reduced resistances)。在图 7.1 中说明了例 7.2 中的化简阻力。使用有根树的方法,我们可以很容易就推出惯例 h_2 具有最小的随机潜力。这意味着当 s 充分大并且 s/m 和 ε 都充分小时,惯例"都采取 2"在长期中将以任意高的概率被观察到。特别地,它要比风险占优惯例"都采取 1"以更高的概率被观察到。

我们说阻力公式(7.2)仅仅对于那些非对角线得益都为零的协调博弈才是成立的。在其他的协调博弈中,阻力的计算可能更为复杂。特别地,从惯例"都采取 i"变为惯例"都采取 j"的阻力可能会涉及不同于 i 与 j 的中间策略。这正是例 7.1 中的情形,其中从惯例"都采取 1"到惯例"都采取 2"的最小阻力路径也会包含由于错误而数次选择了策略 3(读者可以加以验证)。在一般的 n 人博弈中,阻力的计算就变得更加复杂了;然而,不用求出阻力的显示解就可以对随机稳定状态说上好多,这正是我们在下一节中所要说明的。

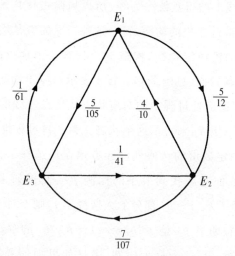

图 7.1   在例 7.2 中三个均衡之间的化简阻力

7.2   弱非周期性博弈

给定具有有限策略空间 $X = \prod X_i$ 的 n 人博弈 G,每个策略向量 $x \in X$ 都与一个图的顶点相联系。从顶点 x 到顶点 x' 画一条有向边线,当且仅当恰好存在一个当事人 i 使得 $x'_i \neq x_i$，其中 x'_i 是 i 对于 $x_{-i} = x'_{-i}$ 的一个最优决策。这称为 G 的**最优决策图**（best-reply graph）（Young，1993a）。一个**最优决策路径**是一个形如 x^1，x^2，…，x^k 的序列，使得每一对（x^j，x^{j+1}）对应于最优决策图中的一条边。一个**收点**（sink）就是一个没有向外延伸的边线顶点。显然，x 是一个收点，当且仅当它是一个严格纯策略的纳什均衡。

图 7.2 给出了一个具有两个收点——（C，A）和（B，B）——的最优决策图像。一个收点的**域**（basin）是指由所有满足下列条件的顶点所组成的集合：从这些顶点出发，存在一条结束于那个收点的有向路径。注意一个顶点可能同时处于好几个域中。例如，（B，A）在（C，A）的域中，也在（B，B）的域中。

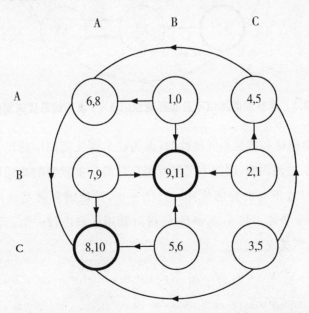

图 7.2 具有两个收点的 3×3 非周期性博弈的最优决策图

一个博弈是**非周期性的**（acyclic），如果它的最优决策图不包含有向循环。它是**弱非周期性的**，如果每个顶点位于至少一个收点的域内。很容易看出图 7.2 所示的博弈是非周期性的。如果我们将得益对（8，10）

换为$(8, 2)$,并且把$(5, 6)$变为$(5, 5)$,则该图就只包含有一个收点——(B, B),并且博弈是弱非周期性的而不是非周期性的(见图7.3)。

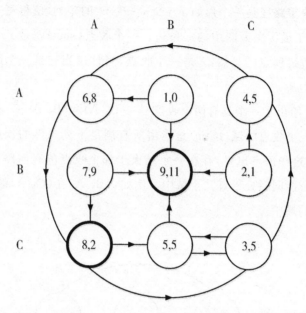

图7.3   弱非周期性但不是非周期性的3×3博弈的最优决策图

每个协调博弈都是非周期性的,因为在最优决策图中的每一条边线都指向一个协调均衡,因而不可能有循环。另一类重要的非周期性的博弈是没有得益平局的势能博弈。回忆一下,**势能博弈**就是这样一个博弈:存在一个势能函数$\rho: X \rightarrow R$,使得对效用函数进行一个适当的重新刻度以后,下式成立:

$$\forall x \in X, \forall i, \forall x_i' \in X_i, u_i(x_i', x_{-i}) - u_i(x_i, x_{-i})$$
$$= \rho(x_i', x_{-i}) - \rho(x_i, x_{-i})$$

这个概念可以推广如下。假设我们只要求:

$$\forall x \in X, \forall i, \forall x_i' \in X_i$$
$$\text{sign}\{u_i(x_i', x_{-i}) - u_i(x_i, x_{-i})\}$$
$$= \text{sign}\{\rho(x_i', x_{-i}) - \rho(x_i, x_{-i})\} \qquad (7.3)$$

则 G 是一个**序数势能博弈**（ordinal potential same），且 ρ 为一个**序数势能方程**（Monderer and Shapley，1996b）。

我们说，如果 G 是一个序数势能博弈，并且其中没有一个博弈方对于不同策略是无差异的话，则 G 是非周期性的。为了看出这一点，从任何顶点 x^1 开始。如果 x^1 是一个收点（一个严格的纳什均衡），则命题可成立。如果 x^1 不是一个收点，则存在一个博弈方 i 和一个策略 $x_i^2 \neq x_i^1$，使得 x_i^2 是 i 对于 x_{-i}^1 的唯一的最优决策。设 $x^2 = (x_i^2, x_{-i}^1)$。如果 x^2 不是一个收点，则存在某个博弈方 j，他对于 x_{-j}^2 的唯一的最优决策是 $x_j^3 \neq x_j^2$，等等。用这种方法我们构造了一个最优决策路径，沿着这条路径，ρ 是严格递增的。因而它不可能是循环的，而且必定最后终止于一个收点。

定理 7.1 该 G 为一个弱非周期性的 n 人博弈，并设 $P^{m,s,\varepsilon}$ 为适应性博弈。如果 s/m 充分小，则未受扰动的过程 $P^{m,s,0}$ 从任何初始状态起都以概率 1 收敛于一个惯例。并且，如果 ε 充分小，则受扰动的过程就在最小化随机势能的那个（那些）惯例上放置任意高的概率。

当样本容量 s 很大的时候，过程将十分严格地区分不同的均衡；实际上，典型的情况是将存在唯一的一个对于所有充分大的 s 都是随机稳定的协调均衡。

7.3　限制集

有些博弈——诸如时尚博弈——具有一个自然会产生周期性行为的结构；在这种情形下，我们不应该期望适应性学习能够达到一个均衡。但是，我们仍然可以对适应性过程在这类情况下所选择的（非均衡的）制度说上许多。实际上，定理 3.1 告诉我们，当对于学习过程的扰动很小的时候，某些常返类将以很高的概率被观察到。这些常返类有些什么性质呢？

为了调查这一问题，让我们先来考虑下面这个博弈：

	A	B	C	D
A	3，3	4，1	1，4	−1，−1
B	1，4	3，3	4，1	−1，−1
C	4，1	1，4	3，3	−1，−1
D	−1，−1	−1，−1	−1，−1	0，0

该博弈有单个收点（D，D）和单个最优决策周期：CA→CB→AB→AC→BC→BA→CA。一旦过程进入了这个循环，就没有出口了。可以很容易地证明这两个制度——收点和循环——是在没有扰动并且 s 充分大和 s/m 充分小的时候适应性博弈仅有的两个常返类。

当引入小扰动以后，这两个制度中的哪一个更有可能呢？要找到答案，就得计算一个将过程从一个制度中推翻并进入另一个制度的吸引范围内所需要的错误数目。先假设过程处于一个（D，D）被重复地采纳的惯例之中。为了进入这个循环的吸引域，就要求行或者列博弈方选择某种其他的策略——比方说 C——的次数足够频繁使得 D 不是唯一的最优决策。如果列博弈方连续 $[s/6]$ 期选择策略 C，则行博弈方的最优决策以正概率将为 B。假定 s 相对于 m 来说足够小，则过程将进入一个包含 A、B、C 的循环中。反过来，为了从循环中移回到（D，D），某个博弈方就必须以足够多的次数选择 D，使得它成为一个最优决策。当 A、B 或 C 在行（或列）博弈方的样本中以相同频率发生并且 D 发生的频率至少为 A、B、C 的 11 倍时，在这个循环中的"最弱"点才会产生。（当然 D 的发生代表着错误。）因而对于足够大的 s（和足够小的 s/m），从收点移到循环就要比反过来更为容易，因而循环是随机稳定的。

这个方法可如下推广。策略的一个**积集**（product set）是一个形如 $Y = \prod Y_i$ 的集合，其中每一个 Y_i 都是 X_i 的一个非空子集。设 ΔY_i 表示在 Y_i 上的概率分布的集合，并且设 $\prod (\Delta Y_i)$ 表示这种分布的积集。设 $BR_i(Y_{-i})$ 表示在 X_i 中这样的策略集合：这些策略是 i 对于某种分布 $p_{-i} \in \prod_{j \neq i} (\Delta Y_j)$ 的最优决策，亦即，

114

$$BR_i(Y_{-i}) = \{x_i \in X_i : \exists\, p_{-i} \in \prod_{j \neq i}(\Delta Y_j) \quad \text{s.t.}$$

$$\sum_{x_{-i}} u_i(x_i,\ x_{-i}) p_{-i}(x_{-i}) \geqslant \sum_{x_{-i}} u_i(x_i',\ x_{-i}) p_{-i}(x_{-i})$$

对于所有的 $x_i' \in X_i\}$

设

$$BR(Y) = [BR_1(Y_{-1}) x \cdots x BR_n(Y_{-n})] \tag{7.4}$$

观察到 BR 将积集映射到积集。积集 $Y = \prod Y_j$ 是一个**限制集**（curb set）（在理性行为下是闭的），如果 $BR(Y) \subseteq Y$（Basu and Weibull, 1991）。它是一个**最小限制集**，如果它是限制的并且不包含更小的限制集。在这种情况下 Y 是 BR 一个不动点：$BR: BR(Y) = Y$。这个概念是严格纳什均衡的一个自然推广，后者是一个**单要素的**最小限制集。每个最小限制集都是 BR 的一个不动点，但也可能存在不是最小的 BR 不动点。事实上，可理性化的策略集对应于 BR 的唯一**最大的**不动点（Bernheim, 1984；Pearce, 1984）。在图 7.4 所示的例子里，BR 具有两个最小的不动点：{A, B, C}×{A, B, C}以及{(D, D)}。它也有一个最大的不动点，即{A, B, C, D}×{A, B, C, D}。

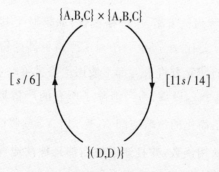

图 7.4 具有一个随机不稳定性均衡和一个随机稳定非均衡的博弈

给定一个有限 n 人博弈 G，设 $P^{m,s,\varepsilon}$ 为适应性博弈，并且设 $H = X^m$ 为被截断历史的空间。子集 $H' \subseteq H$ 的**扩张**用 $S(H')$ 表示，是在 H' 的

某个历史中出现的所有策略的积集。H' 是一个**最小限制排列**（minimal curb configuration），如果它的扩张恰好与最小限制集重合。我们说一个性质对于某个给定类的博弈**一般性地**（generically）成立，如果它对于 $R^{n|X|}$ 中那一类的一个开的稠密子集成立的话。特别地，给定这个类中的任何博弈 G，该性质对于 G 中的得益的"几乎所有"的小扰动都成立。下列结果便是 Hurkens(1995) 的一个定理的一个变形。[②]

定理 7.2　设 G 为在有限策略空间 X 上的一个一般的（generic）n 人博弈，并设 $P^{m,s,\varepsilon}$ 为适应性博弈。如果 s/m 充分小，则未受扰动的过程 $P^{m,s,0}$ 以概率 1 收敛于一个最小限制排列。另外，如果 ε 充分小，则受扰动的过程就会在最小化随机势能的那个（那些）最小限制排列上放置任意高的概率。

G 是一般的（generic），这个要求是必需的，我们在附录中用例子表明了这一点。我们还要说当样本容量充分大的时候，典型地将会有最小化随机势能的唯一的最小限制排列，故选择标准是非常严格有效的。

7.4　严格劣策略的消去

一个策略 x_i 称为被策略 y_i **严格占优**，如果对于其他博弈方的任何策略选择而言，y_i 要比 x_i 产生一个对 i 严格更高的得益。很合理地可以假设一个理性的博弈方将永远都不使用严格劣策略（strictly-dominated strategy）。对于每个 i，设 X_i' 为当消除了所有的严格劣策略以后 i 的策略空间。这产生了简化的策略空间 $X' = \prod X_i'$。假设每个博弈方都知道其他博弈方的效用函数，并且知道他们都是理性地行为。则他们可以预见只有 X' 中的策略才会被采用。

在 X' 中可能存在一些严格劣策略，但它们在 X 中并不是严格被占优的。从 X' 中消去这些策略以后，我们就得到了一个更小的空间 X''，如此等等。这个过程被称为**严格劣策略的重复消去**（iterated elimination of strictly-dominated strategies）。嵌套着的序列 $X \supset X' \supset X'' \supset \cdots$ 具有一个最小元素 X^*，其中没有任何策略对于任何博弈方是严格被占优的。如果当事人知道其他人的效用函数，知道其他人是理性的，知道其他人明白这一点，如此下去，直至达到相互间知识的某个合适水平，然后（并且只有在这之后）他们才可能推断出 X^* 之外的策略将不会被采用。

适应性学习产生相同的结果，却不用假定相互之间对于效用或者理性的知识。为了看出原因，考虑一个未受扰动的过程 $P^{m, s, 0}$，并且设 $h \in X^m$ 为一个任意的状态。在每一期中，每个当事人对于其他当事人在以前各期行动的信息样本选择一个最优决策。由于一个严格劣策略对于任何这样的样本都不是最优决策，所以它永远都不会被选择。因此在 m 期内，过程就达到一个状态，该状态的扩张包含于 X'。继续这种推理，我们看到过程必然最终达到一个其扩张包含于 X^* 的状态。而且从任何初始状态开始，这必然在 $m|X|$ 期内发生。这意味着 $P^{m, s, 0}$ 的每一个常返类的扩张都包含于 X^*；亦即，所有重复严格劣策略都已经被消去了。由定理 3.1，$P^{m, s, 0}$ 的常返类是随机稳定的唯一候选者。因而适应性学习消去了重复严格劣策略，但没有假定任何相互的知识。③换言之，演化过程能替代所要求的个人方面很高的知识水平和演绎能力。这也是演化方法的中心思想之一。

注释

① 风险占优只是 Harsanyi 和 Selten 的均衡选择理论中的一个方面。然而在例 7.2 中，Harsanyi-Selten 理论的确选择风险占优均衡，亦即唯一地最大化得益之积的那个均衡。正如在文中所述的那样，这与随机稳定均衡不一样。在第 8 章中，我们考虑了被称为**纳什要价博弈**的一类特殊的协调博弈，其中随机稳定性的概念与风险占优的概念是恰好重合的。

② 在 Hurken 模型中，当事人进行可重置的抽样，亦即一个当事人可以重复地对别的当事人以前的行动进行抽样，而不管他之前是否看见过。模型还假定一个当事人可以对一个行动的概率具有任意的信念，只要这个当事人至少以前观察到一次。（在我们的模型中，一个当事人的信念是由

当事人抽样中的每一个行动的频率决定的。)这些具有重大区别的假定过程并不区分最小限制集,即使样本容量很大:每一个在最小限制集中发生过的行动都会在某个随机稳定状态中发生(Hurkens, 1995)。Sanchirico(1996)考察了其他类的选择最小限制集的学习模型。

③ 根据相同的精神,Samuelson 和 Zhang(1992)证明如果连续时间复制动态起始于一个严格内部的状态,则它将(重复性地)消除严格劣策略,也就是说,社群中采取这种策略的人的比例将随时间的推移而趋向于零。

8 讨价还价

8.1 聚点

假设有两个人要分一罐钱,只要他们对如何分配能达成一致就行。那么他们将会以什么比例达成一致呢?在具有这种结构的实验室试验中,试验对象通常是将钱对半分(Nydegger and Owen,1974)。当双方对货品有相等的要求权时,对半分是一个自然的聚点(focal point);事实上,很难想像他们会同意其他的分法。但在现实世界的讨价还价中,人们几乎从来都不对所要分配的东西有相等的要求权。在需求上、贡献上、能力上、品位上,以及在各种各样可能会很合理地支持不平等份额的其他特征上,他们都存在着差异。

譬如,考虑一个在委托人与代理人之间进行的对如何分配他们的联合产出所作的谈判。一个具体例子可能就是在律师与客户之间的一个关于不良行为的案子中就如何分配判决所得(一种被称为相机费用的安排)的一项协议。在这类状况下，没有令人信服的论据支持等额的分配，因为双方对彼此关系的作用是不同的。在美国，举例来说，标准的分配是律师拿判决所得的1/3，而客户则拿2/3。令人注意的是这些比例具有惯例的地位：它们实际上似乎与判决所得的数量、案子本身的特点、律师在辩护过程中所付出的努力大小都没有关系。类似的实践描述了其他委托—代理关系的特点：饭店里小费的比例、特许经营权的费用、不动产的佣金、农业分成合约等等。

像这些惯例都具有经济价值：通过协调各方的预期，它们降低了交易费用，并减小了讨价还价过程可能破裂的风险。反之，在没有明确惯例存在的地方，就可以预计交易费用会增加。在实验室的试验中已经显示出了这一点。例如，Roth 和 Murnighan（1982）考察了下面这一情形：给两个人100张彩票让他们分。每个人赢奖的机会与他在讨价还价中拿到的彩票数目成比例，而奖项的货币价值对这两个博弈方是不同的。博弈方 A 的奖值是20美元，而博弈方 B 的奖值是5美元。因此如果 A 与 B 两人分别以20：80的比例分配彩票的话，则 A 将有20％的机会赢得20美元，而 B 则有80％的机会赢到5美元，这样预期货币收益对两个博弈方来说将是相同的。假定博弈双方都知道这两个奖的价值，那么20：80就是一个明显的聚点。但是还有第二个聚点，就是平分这些彩票。（事实上还有第三个聚点，就是分配相等货币与相等彩票这两个聚点之间的差异。）但是要注意，如果这两个博弈方都不知道对方奖品的价值的时候，那么等额分配彩票就是唯一的聚点。

在一方或双方都知道对方奖品价值的各种情况下我们再进行这个试验。在每种情况下还有两个变体，其中的信息情况要么是共同知识要么不是共同知识。（信息被称为是共同知识，如果每个人都知道它，每个人都知道每个人知道它，每个人都知道每个人知道每个人都知道它，如此等等。）通过告诉每一个讨价还价者他们接收到完全相同的指示，这样就建立了共同知识的情况。

试验结果支持了如下假说：当存在不止一个聚点的时候，讨价还价者之间达成一致的可能性比仅仅存在唯一聚点的时候要小。例如,当博弈双方都知道两者的奖品时(因此在共同知识和非共同知识的情况下都有两个聚点),总体的失败率是 22％(65 次试验中有 14 次)。当博弈双方都不知道彼此奖品时(因而在两种知识情况下都只有唯一一个聚点),总体失败率是 11％(63 次试验中有 7 次)。如果把各种类似的试验数据汇总起来,发现有两个聚点的情形的失败率是 23％(226 次中有 53 次),而在只有唯一聚点的情形中,失败率是 7％(149 次中有 10 次)。虽然我们不能完全可靠地将显著性检验运用到这些汇总的结果上,因为这些试验并没有完全控制除了聚点数以外的所有因素,但是数据的确与这一假说是一致的,即聚点的多重性会增加讨价还价者不能达成协议的概率(Roth,1985)。

与只有一个聚点相比,当存在两个聚点的时候还有一个显著不同的协议**模式**。当有两个聚点时,协议在两个聚点之间分散开(见图 8.1),而当只有唯一一个聚点的时候,协议则集中在聚点上,围绕它有一些变化(见图 8.2)。类似的结果在其他实验中也已经得到(例如,参见 Roth and Malouf,1979；Roth,Malouf and Murnighan,1981)。

这些结果支持如下命题,即一个讨价还价的规范是一种形式的社会资本:它因为促进了协调而具有经济价值。但是讨价还价的规范最初是如何形成的呢? 在前几章中我们已论述过惯例是经由前例的积累而产生

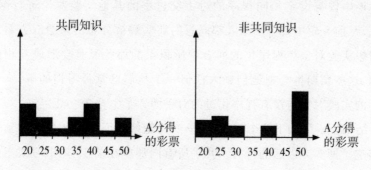

资料来源:Roth and Murnighan(1982)。

图 8.1 当博弈双方都知道彼此奖品时达成协议的频率分布

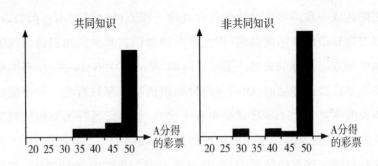

资料来源：Roth and Murnighan(1982)。

图 8.2　当博弈双方都不知道彼此奖品时达成协议的频率分布

的：人们逐渐开始预期到馅饼的某一种分法，因为别人先前在类似状况下已经同意按类似的方法分配馅饼。在讨价还价中，这种在前例与预期之间的反馈回路可以在实验室中展现，也就是说，由于前例的强化效应，讨价还价者可能**条件反射地**选择某个聚点而不是另一个聚点。Roth 和Schoumaker(1983)在一系列与 Roth 和 Murnighan(1982)平行的实验中展示了这一点。给每一对实验对象 100 张彩票去分配。A 的奖品值 40美元而 B 的则为 10 美元。既然这是共同知识，所以就有两个聚点：将彩票 50：50 对分和将其 20：80 分配。每个实验对象连续博弈 25 次。然而实验对象并不知道，开始的 15 次是与一台设好程序选择一个或者是另一个聚点的计算机进行的。在开始的 15 个回合之后，每个实验对象和一连串曾与设定相同程序的对手交过手的其他实验对象进行配对。而且，在前 5 轮中每个当事人都同意的那些解被公布出来给双方看。我们猜想实验对象在程序化的回合中所积累的那些经验会形成互相间的预期，这些预期将会把他们锁入任何一个他们已觉得习惯的解。（一组控制的实验对象与没有程序化过的对手博弈了整整 25 个回合）。

　　结果证实了如下这个假说：在早期几轮博弈回合中所形成的预期强烈影响了博弈方以后的行为。几乎所有同那些在前 15 轮中习惯于坚持50：50 的对手进行博弈的博弈方在剩下的 10 个回合中继续选择 50：50 的协议，即使 B 角色的对象在另外的 20：80 的分法中处境更好，也仍

会这样。类似地,习惯于同那些坚持 20∶80 分法的对手进行博弈的 A
角色的博弈方会继续选择这种协议,尽管 50∶50 的分法其实更受他们
的欢迎。

这些结果为两个一般性的命题提供了经验证据:一个讨价还价的规
范作为一个协调机制具有经济价值,而规范的选择可以通过前例而得
到。在接下来的几节里,我们将使用在前几章中发展出来的框架来得出
这些命题的含义。然而在此之前,先让我们回忆一下,经典的讨价还价
理论关于这些情况说过些什么。在纳什(Nash, 1950)首创的讨价还价
模型中,两人分配的讨价还价结果仅仅依赖于双方的效用函数(他们对
风险的态度)以及如果未达成协议时他们的其他选择。设 $u(x)$ 为行博
弈方的冯·诺依曼—摩根斯坦(von Neumann-Morgenstern)效用函数,我
们假定它是凹的,并且关于行博弈方对馅饼所占的份额 x 是严格递增
的。类似地,设 $v(y)$ 为列博弈方的效用函数,它是该博弈方所占份额 y
的一个函数。假定如果讨价还价停止,他们的份额分别为 x^0 和 y^0,这里
$x^0 + y^0 < 1$。设 $u^0 = u(x^0)$ 且 $v^0 = v(y^0)$。**纳什讨价还价解**就是相对
于未能达到协议的其他选择而言,最大化效用所得之积的馅饼的唯一分
法,也就是说,只有这一分法(x^*, $1 - x^*$),能最大化 $[u(x) - u^0][v(1
- x) - v^0]$,受约束于 $0 \leqslant x \leqslant 1$。

这个分法产生于以下非合作讨价还价博弈的子博弈完美均衡
(Stahl, 1972; Rubinstein, 1982)。两个博弈方轮流向对方报价(一个报
价就是一条关于馅饼的分法建议)。首先,博弈方 A 提出一个建议,博弈
方 B 接受或者拒绝。如果博弈方 B 接受建议,博弈就结束了。如果博弈
方 B 拒绝这个建议,那么他就反过来提出一条建议,让博弈方 A 接受或
者拒绝,如此反复。在每一次拒绝以后都有一个小概率 p 使得博弈因为
没有进一步的报价而停止(谈判"破裂")。可以证明这个博弈具有唯一
的子博弈完美均衡,当 p 充分小时其结果将任意接近纳什分法。

然而要使得博弈方真的达到这一结果,就要求他们的效用函数是共
同知识,并且讨价还价的结构具有恰如上面所描述的那种形式。这些前

提假设并不尽然可信：如果说有共同知识的话，那么共同知识就是效用函数几乎从来都不是共同知识。况且，没有合理的理由解释为什么谈判双方需要通过互相报价来进行讨价还价，并且谈判会以确定的概率 p 破裂。纳什结果非常关键地依赖于这些前提假定。

我们所提出的关于规范形成的模型完全不依赖于共同知识、共同信念和共同先例（common priors）。相反我们假定人们从其他人以前已经做过的事情中寻求线索。如果律师通常得到判决的 1/3 作为相机费用的话，那么客户就会预期律师将坚持要这么多，而律师也会预测客户将接受这么多。简言之，共同预期内生地形成于前例的积累。假定随机扰动在某种程度上动摇这些预期也是十分合理的。我们将表明当所有的当事人具有相同的样本容量，并且每一个社群中的所有当事人都具有相同的效用函数的时候，随机稳定规范就对应于纳什讨价还价解。当社群在样本容量和效用函数上都是异质的时候，将会获得纳什解的一般化形式，它不同于 Harsanyi-Selten 对纳什解的拓展。特别地，这一结果表明，经典博弈理论中高度理性的解可以通过社会学习过程在低度理性的环境中产生。

8.2 讨价还价中的适应性学习

考虑两群博弈方——地主与佃农、律师与客户、特许经营者与被特许经营者，他们周期性地对一块共同的馅饼中所占份额的大小进行互相间的讨价还价。我们称这些（"分开"的）群体为"行博弈方"和"列博弈方"。一般地，令 x 代表行博弈方得到的份额，令 y 代表列博弈方得到的份额。暂时我们假定每一群人都是同质的，即同一群中的每个人具有相同的效用函数。令 $u(x)$ 代表行博弈方的效用，它是份额 x 的函数，并且设 $v(y)$ 代表列博弈方的效用，它是份额 y 的函数，其中 x，$y \in [0, 1]$。如同往常一样，我们假定 u 和 v 都是凹的并且是严格递增的。为了简化起见,我们还同时假定在达不成协议时份额满足 $x^0 = y^0 = 0$。 这不会失去一般性,因为我们总可以说要分的饼就是超过达不成协议时所得份额的多余部分。不失一般性,我们可以正规化 u 和 v,使得 $u(0) = v(0) = 0$,且 $u(1) = v(1) = 1$。

在每一期的开始,一个行博弈方与一个列博弈方从各自的社群中被随机抽取。他们进行**纳什要价博弈**(Nash demand game):行博弈方要求某一个数 $x \in (0, 1]$,而同时列博弈方要求某一个数 $y \in (0, 1]$。注意要价是严格正的——不"要价"是没有道理的。结果与收益如下:

要价	结果	得益
$x + y \leqslant 1$	x, y	$u(x), v(y)$
$x + y > 1$	$0, 0$	$0, 0$

为了保持状态空间的有限性,我们将策略离散化,只允许用 d 位小数来表达的要价,这里 d 是一个固定的正整数。要求的**精确度**是 $\delta = 10^{-d}$。设 $X_\delta = \{\delta, 2\delta, \cdots, 1\}$ 表示离散化所要求的有限空间。

演化过程是一个具有记忆 m、错误率为 ϵ 的适应性博弈。很容易将该样本容量表示成 m 中的一部分(之所以这么做的理由在后面就会变得很清楚了)。设 a 表示行博弈方抽取的样本前例中的理性部分,b 为列博弈方抽取的样本前例中的理性部分,其中 $0 < a, b \leqslant 1$。 为了避免凑整数的问题,我们假定 m 的选择使得 am 和 bm 都是整数(这纯粹是为了数学上的方便)。设 (x^t, y^t) 代表行博弈方与列博弈方在 t 期所要求的数量。在 t 期末,状态为:

$$h^t = ((x^{t-m+1}, y^{t-m+1}), \cdots, (x^t, y^t))$$

在 $t + 1$ 期的开始,当时的行博弈方从 h^t 的 y 值中抽取容量为 am 的一个样本;同时并且独立地,当时的列博弈方从 h^t 的 x 值中抽取容量为 bm 的一个样本。

令 $\hat{g}^t(y)$ 为行博弈方的样本中要求 y 的频率分布。这样 $\hat{g}^t$ 就是一个具有如下累积分布函数的随机变量:

$$\hat{G}^t(y) = \int_0^y \hat{g}^t(z)\mathrm{d}z$$

行博弈方以概率 $1-\varepsilon$ 选择了给定 $\hat{G}^t$ 时的一个最优决策,即:

$$x^{t+1} = \arg\max u(x)\hat{G}^t(1-x)$$

以概率 ε,他从 X_δ 中随机选择一个要价。类似的规则也适用于列博弈方。这就产生了一个在状态空间 $H = X_\delta^m$ 上的马尔可夫过程 $P^{\varepsilon,\delta,a,b,m}$。

一个**惯例性的分法**(conventional division)或者**规范**(norm)是具有如下形式的一个状态:

$$h_x = ((x, 1-x), (x, 1-x), \cdots, (x, 1-x)), \quad 0 < x < 1$$

在被记住的历史中,行博弈方总是要求(并且得到) x,而列博弈方总是要求(并且得到) $1-x$。这样的话,在没有错误和其他随机扰动的状况下他们的行动和预期就会完全协调。我们说一个分法 $(x, 1-x)$ 对于给定的精确度 δ 而言是**随机稳定的**,如果对应的规范 h_x 对于所有能满足 am 和 bm 都是整数的充分大的 m 而言是随机稳定的话。

定理 8.1 令 G 为精确度是 δ 的离散纳什要价博弈,它的记忆为 m,样本容量为 am 和 bm,其中 $0 < a, b \leqslant 1/2$。随着 δ 逐渐变小,随机稳定的分法收敛于不对称的纳什讨价还价解,即最大化 $(u(x))^a(v(1-x))^b$ 的唯一的分法。

注意如果双方具有相同的效用函数($u = v$)但有不同量的信息($a \neq b$),则结果就对具有更多信息的那一方有利。还要注意如果博弈方要求离散的份额 $x > x^0$ 且 $y > y^0$,则与定理 8.1 类似的定理也是成立的:随机稳定的分法将任意地接近于唯一的分法 (x, y),后者最大化 $(u(x) - u(x^0))^a(v(y) - v(y^0))^b$,受约束于 $x > x^0$,$y > y^0$,并且 $x + y = 1$。

我们强调这个结论不依赖于当事人对于他人的效用函数、信息,或者是他人的理性程度的计算。这些都不是共同知识(甚至不是互相的知识)。我们唯一假定的是当事人对于前人所采取行为的有关的具体信息或多或少地作出理性反应。由于他们的反应依赖于他们对风险的态度,结果确实会依赖于他们的效用函数(尽管当事人可能并没有意识到这一点)。在长期过程中比较偏向于纳什解,这仅仅是因为给定当事人的偏好以及不断冲击该过程的随机力量,纳什解是最稳定的。

8.3 定理 8.1 的证明概要

我们将在两个简化的假定下描述对定理 8.1 的证明:

(ⅰ) 函数 u 和 v 都是连续可微的;

(ⅱ) 所有的错误都是**局部性的**,意思是说当博弈方进行随机选择时,他所提出的要价位于对某一样本的最优决策的 δ 范围之内。

[不需要这些前提的一个完整证明在文献 Young(1993b)中给出。]

为了引出这一论述,考虑一个具体的例子。设精度为 $\delta = 0.1$,并假设当时的惯例是行博弈方得 0.3,而列博弈方得 0.7。则状态看上去像这样:

$$\overbrace{}^{m\ \text{期}}$$

行博弈方以前的要价:0.3　0.3　0.3　⋯　0.3

列博弈方以前的要价:0.7　0.7　0.7　⋯　0.7

要推翻这个过程,使之处于另一个规范的吸引域内的话,就需要有连续的错误。由于根据假定所有的错误都是局部性的,所以行博弈方只能偏离到 0.2 或者 0.4,而列博弈方只能偏离到 0.6 或者 0.8。考虑这样一种可能性:行博弈方在几个时期中都要价 0.4。对于当前的惯例而言这是过高的,并且那些要价 0.4 的博弈方将几乎必然不能达成一个讨价还价解,至少起先是这样。然而,一旦足够多这样的错误积累起来以后,它们将最终改变列博弈方将来的预期。例如,一个列博弈方将回应以 0.6,如果在他的样本中有 i 种情况是 0.4 并且 $v(0.6) \geqslant (1-i/bm)v(0.7)$。换言之,行博弈方的 i 次错误可以将该过程推入规范(0.4,0.6)的吸引域内,如果

$$i \geqslant \lceil bm(v(0.7) - v(0.6))/v(0.7) \rceil \qquad (8.1)$$

类似地,列博弈方可以通过要价 0.6 而将过程推入规范(0.4,0.6)的吸引域内,它对于当前的惯例而言是过少的。这一弱点最后会被行博弈方所利用,如果在行博弈方的样本中有 j 次 0.6 的情况并且 $(j/am)u(0.4) \geqslant u(0.3)$,即,如果

$$j \geqslant \lceil amu(0.3)/u(0.4) \rceil \qquad (8.2)$$

每一个 $x \in X_\partial$,满足 $\delta \leqslant x \leqslant 1-\delta$ 都对应于一个规范,简洁地说,我们用 $(x, 1-x)$ 来代表。从规范 $(x, 1-x)$ 到规范 $(x+\delta, 1-x-\delta)$ 的**阻力**为:

$$r(x, x+\delta) = \lceil bm(v(1-x) - v(1-x-\delta))/v(1-x) \rceil$$
$$\wedge \lceil amu(x)/u(x+\delta) \rceil$$

当 δ 充分小时,等号右端第一项在两者中较小,且它可以由下列表达式很好地近似:

$$r(x, x+\delta) \approx \lceil \delta bmv'(1-x)/v(1-x) \rceil$$

这有一个简单的解释:如果行博弈方比他该要的多要了 δ,那么列博弈方就会反对,并且列博弈方的阻力的大小就是他的样本容量乘以他放弃 δ 的份额所遭受的相对效用损失。类似地,如果列博弈方比他该要的多要了 δ,那么行博弈方的阻力就是他的样本容量乘以他放弃 δ 的份额所遭受的相对效用损失。因此,从规范 $(x, 1-x)$ 到规范 $(x-\delta, 1-x+\delta)$ 的阻力近似为:

$$r(x, x-\delta) \approx \lceil \delta amu'(x)/u(x) \rceil$$

现在构建一个图,图上的每一个顶点都对应于每一个离散的规范 $(x, 1-x)$,$\delta \leqslant x \leqslant 1-\delta$。用"$x$"来代表这个顶点。有一条有向边对应着转移 $x \rightarrow x-\delta$,并且它的阻力近似为 $\lceil \delta amu'(x)/u(x) \rceil$。类似地,有向边 $x \rightarrow x+\delta$ 的阻力近似于 $\lceil \delta bmv'(1-x)/v(1-x) \rceil$。(从 x 转移到一

个非相邻顶点的阻力至少与转移到一个相邻顶点的阻力一样大,因此我们最后就可以忽略这些转移。)

定义函数:

$$f_\delta(x) = \min\{r(x, x+\delta), r(x, x-\delta)\}$$

根据前面的论述,转移到右边所受到的阻力,$r(x, x+\delta)$,是 x 的一个递增函数,而转移到左边所受的阻力,$r(x, x-\delta)$,则是 x 的一个递减函数。因此 $f_\delta(x)$ 是单峰的——起初它递增,然后随 x 递减。设 x_δ 为 $f_\delta(\cdot)$ 的极大值点。(在离散要价集中至少有两个极大值。)对于每一个满足 $\delta \leqslant x < x_\delta$ 的顶点 x 而言,都选择有向边 $(x, x-\delta)$。这些边在一起就组成一个 x_δ 树,T,因为从每一个不同于 x_δ 的顶点出发,总存在一条唯一的有向路径到达 x_δ(见图 8.3)。

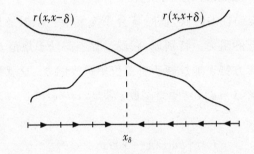

图 8.3　以 x_δ 为根的具有最小阻力的有根树

我们称 T 是阻力最小的有根树。为证明这一点,回忆一下,每一个有根树恰有一条边从每一个不是根部的顶点出发指向别处。为了创建一个 x_δ 树 T,我们选择了从每一个不是 x_δ 的顶点出发阻力最小的那条边。并且,与从 x_δ 出发的最小阻力边相比,这些边中的每一条都具有更低(或相等)的阻力。因此不可能存在一个比 T 具有更小总阻力的有根树。事实上,这一论述表明任何 x 树都比 T 的阻力更高,除非 x 也最大化 $f_\delta(\cdot)$。根据这一点以及定理 7.1 可得:随机稳定状态恰好就是那些使得 x 最大化 $f_\delta(\cdot)$ 的惯例 h_x。

当 δ 很小并且 m 相对于 δ 很大时，$f_\delta(\cdot)$ 的任何极大值点 x_δ 位于接近 x^* 点的地方，在 x^* 点上曲线 $\delta amu'(x)/u(x)$ 和 $\delta bmv'(1-x)/v(1-x)$ 相交，即，

$$au'(x^*)/u(x^*) = bv'(1-x^*)/v(1-x^*) \qquad (8.3)$$

这正是最大化如下凹函数的一阶条件：

$$a\ln u(x) + b\ln v(1-x) \qquad (8.4)$$

它等价于最大化：

$$u(x)^a v(1-x)^b \qquad (8.5)$$

最大化(8.5)式的唯一的 x^* 被称为**非对称纳什讨价还价解**。它意味着当 δ 充分小并且 m 相对 δ 充分大的时候，x_δ 与非对称纳什解任意地接近。这就完成了论证的概述。[①]

当错误是全局性的时候，证明就会更为复杂。原因是某些很大的偏离可能具有很低的阻力。特别地，假设过程当前处于规范 h_x。现在假设一连串的行博弈方错误地选择所有要价中最少的 δ。这就导致列博弈方切换到最优决策 $(1-\delta)$，只要错误数 i 满足 $(i/bm)v(1-\delta) \geqslant v(1-x)$，亦即，

$$i \geqslant \lceil bmv(1-x)/v(1-\delta) \rceil$$

当 x 接近于 1 时，不等式右端的值是很小的，亦即，从规范 h_x 转移到规范 h_δ 具有一个很小的阻力。类似地，从 h_x（其中 x 接近于 0）转移到规范 $h_{1-\delta}$ 也具有一个很小的阻力。然而，可以证明当 δ 充分小时，这并不能从根本上改变结论——即每一个最小阻力的 x 树都是植根于 $f_\delta(\cdot)$ 的一个极大值点上的。证明由 Young(1993b) 给出。

让我们用一个小小的例子来说明定理 8.1。假设行博弈方抽取现有记录的 1/3 作为样本并且具有效用函数 $u(x)=\sqrt{x}$。假设列博弈方抽取现有记录的 1/10 作为样本，并且具有线性效用函数 $v(y)=y$。非对称纳什解为 $(5/8, 3/8)$，它最优化(8.5)式。设精确度为 $\delta=0.1$。当 m

很大时，$f_\delta(x)/\delta m \approx \varphi_1(x) \wedge \varphi_2(x)$，其中：

$$\varphi_1(x) = (1/3)[1 - u(x - 0.1)/u(x)]$$
$$= (1/3)(1 - \sqrt{1 - 1/10x})$$
$$\varphi_2(x) = (1/10)[1 - v(1 - x - 0.1)/v(1 - x)]$$
$$= 1/100(1 - x)$$

函数 $\varphi_1(x) \wedge \varphi_2(x)$ 的图像在图 8.4 中给出。它在 0.6 与 0.7 之间的某一个值上达到最大，并且在离散要价中它的最大值在 0.6 处出现。因此随机稳定分配是 (0.6，0.4)。

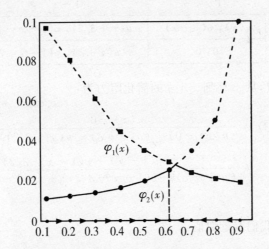

图 8.4　对于解 $\delta = 0.1$，$u(x) = \sqrt{x}$，$v(1 - x) = 1 - x$
具有最小阻力的有根树

8.4　讨价还价模型的变形

前述的这些结果对于模型的细节有多敏感呢？一个特别重要的因素就是一次性讨价还价博弈的结构。该博弈具有一个不太自然的特征，即当博弈方要价过少时——当他们的要价之和少于 1 时，剩余的东西就会留在桌上。有两种自然的办法很容易想到。一是假设当讨价还价各方要价太少时($x+y<1$),他们就平分剩余($1-x-y$)。另一种方法是假设他们恰好协调时,亦即只有当 $x+y=1$ 时,他们才会结束一个交易。在下一章中,后面的这个变形结果将在一个更加一般的设定中加以讨论。这里我们将主要考察第一种情形。

为了保持论证的简洁,让我们假定所有错误都是局部性的,并且所有的当事人都具有相同的样本容量。假设过程处于规范(x,$1-x$)之中。如果行博弈方比规范多要了 δ,或者列博弈方比规范少要了 δ,则得益如下:

	$1-x$	$1-x-\delta$
x	$u(x), v(1-x)$	$u(x+\delta/2), v(1-x-\delta/2)$
$x+\delta$	$0, 0$	$u(x+\delta), v(1-x-\delta)$

忽略样本容量,从 x 移到 $x+\delta$ 的简化阻力为:

$$\tilde{r}(x, x+\delta) = \frac{u(x)-0}{(u(x)-0)+(u(x+\delta)-u(x+\delta/2))}$$
$$\wedge \frac{v(1-x)-v(1-x-\delta/2)}{(v(1-x)-v(1-x-\delta/2))+(v(1-x-\delta)-0)}$$

$$(8.6)$$

当 δ 很小时,我们有近似值:

$$u(x+\delta)-u(x+\delta/2) \approx (\delta/2)u'(x)$$
$$v(1-x)-v(1-x-\delta/2) \approx (\delta/2)v'(1-x)$$

从这里我们可以推断(8.6)式等号右端的第一项比第二项要大得多,并且

$$\tilde{r}(x, x+\delta) \approx (\delta/2)v'(1-x)/v(1-x)$$

类似地,

$$\tilde{r}(x, x-\delta) \approx (\delta/2)u'(x)/u(x)$$

如前所述,我们推得随机稳定规范是那些最大化 $\tilde{r}(x, x-\delta) \wedge \tilde{r}(x,$

$x+\delta)$的规范,它们接近于满足 $v'(1-x)/v(1-x)=u'(x)/u(x)$ 的值 x^*。这就是纳什讨价还价解。当样本容量不同时,类似的论证也能推出非对称的纳什解。

8.5 异质社群

适应性模型自然会引发对于异质当事人群体的研究,正如我们在第5章中已经表明的那样。在现在的这个背景下,讨价还价者可能至少在两个维度上存在差异:风险规避程度和信息量。因此我们可以用一个数对 $\tau=(a,u)$ 来刻画每一个当事人,其中 $0<a\leqslant 1/2$ 是当事人抽样的那部分记录,而 $u(x)$ 则是一个定义在所有 $x\in[0,1]$ 上的凹的、严格递增的效用函数。不失一般性,我们可以假定 $u(0)=0$ 和 $u(1)=1$。数对 (a,u) 代表博弈方的**类型**。设 T_1 为代表行博弈方所有类型的集合,设 T_2 为代表所有列博弈方类型的集合。这里 T_1 和 T_2 都是有限的。

如同以前,问题的关键是找到从任一给定的规范 h_x 转移到另一个相邻规范 $h_{x'}$ 的由于局部性错误所产生的最小的阻力。[事实上,该分析可以适用于更加一般的错误结构,正如 Young(1993b)表明的那样。]当 δ 很小且 δm 很大时,转移 $h_x\to h_{x-\delta}$ 和转移 $h_x\to h_{x+\delta}$ 的阻力就可由下列表达式给出一个很好的近似:

$$r(x,x-\delta)\approx \min_{(a,u)\in T_1}\{\delta amu'(x)/u(x)\}$$
$$r(x,x+\delta)\approx \min_{(b,v)\in T_2}\{\delta bmv'(1-x)/v(1-x)\}$$

当 δ 很小且 δm 很大时,随机稳定规范必定接近于唯一点 x^*,这些曲线在该点上相交。换言之,它们接近于点 x^*,在该点处下列曲线簇的下包络线达到最大值(如图 8.5):

$$\{au'(x)/u(x):(a,u)\in T_1\}\bigcup\{bv'(1-x)/v(1-x):(b,v)\in T_2\}$$

$$(8.7)$$

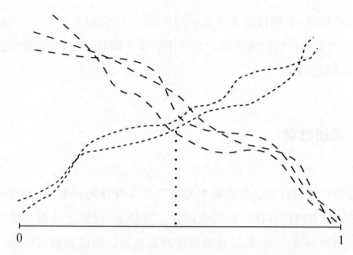

图 8.5　当曲线簇的下包络线达到最大值时稳定结果就产生了

注意(8.7)式具有唯一的最大值,只要效用函数是凹的、正值的、严格递增的,这些是我们已经假定成立的。

定理 8.2(Young,1993b)　设 G 为精确度是 δ 的离散的纳什要价博弈,该博弈由分别包含类型 T_1 和类型 T_2 的两组有限的社群适应性地进行。随着 δ 变小,随机稳定的分法收敛于下式的唯一的最大值点:

$$F_\delta(x) = \min_{\substack{(a,\,u)\in T_1 \\ (b,\,v)\in T_2}} \{au'(x)/u(x),\, bv'(1-x)/v(1-x)\} \quad (8.8)$$

考虑下面的例子。行社群包括两种类型的当事人:$(a_1=1/4,\,u_1(x)=x)$ 和 $(a_2=1/3,\,u_2(x)=x^{1/3})$。而列社群包括两种其他类型的当事人:$(b_1=1/5,\,v_1(y)=y)$ 和 $(b_2=1/2,\,v_2(y)=y^{1/2})$。在行博弈方中,对于每一个 x 而言,标准 $au'(x)/u(x)$ 都是由第二种类型的博弈方进行最小化:$a_2u_2'(x)/u(x)=1/9x$。在列博弈方中,标准 $bv'(y)/v(y)$ 对于每一个 y 而言,都由第一种类型的博弈方进行最小化:$b_1v_1'(y)/v_1(y)=1/5y$。因此 $F(x)=1/9x \wedge 1/5(1-x)$。当 $1/9x=1/5(1-x)$ 时,即当 $x=5/14$ 时,它达到唯一的最大值。换言之,对于任何包含上面所提到的类型的两个社群来说,随机稳定的分法可以任意接近于 $(5/14,9/14)$,而与在每个社群中这些类型的分布无关。

8.6　非完全信息下的讨价还价

上面描述的方法在概念上与非完全信息下的讨价还价理论十分不同,后者是处理异质社群的标准方法(Harsanyi and Selten,1972)。在一个非完全信息下的讨价还价模型中,从各自社群中随机抽取两个当事人出来,并让他们进行非合作博弈。为了简化起见,我们将其考虑为一个纳什要价博弈,尽管海萨尼和泽尔腾考察了一个更为复杂的非合作博弈。每个当事人都有一个关于对方社群中类型分布的**信念**(belief),这个信念可能是也可能不是对应于真正的类型分布。一个当事人的**策略**将其要价与他可能成为的每一种类型互相联系起来。两个策略将形成一个贝叶斯均衡,如果每一个这样的要价都在给定他关于另一当事人的类型的信念下最大化了当事人的预期收益(取决于他的类型)。特别是对于给定的一个信念的集合,将有大量这样的均衡。海萨尼和泽尔腾提出了一套理性原则用于从这个集合中选择一个均衡,它是根据最大化博弈方的得益之积的思想进行的。

与之相对照的是,按照演化进路,当事人无需知晓另一个社群中的类型分布,甚至无需拥有关于另一个社群中类型分布的信念。相反,他们拥有关于他们的对手可能会要价多少的信念,这是他们从对方以前的要价样本中实证地推算出来的。一个行为规范就是这样一种情形:同一社群中的所有成员都要价相同而不管他们的类型如何,而在另一个社群中所有的人都要求余下的量而与他们的类型也没有关系。在许多行为规范中进行选择并不是通过一个理性的选择过程进行的,而是通过一个隐性的过程进行,在这个过程中给定每一个社群中存在的类型,那些行为规范以不同的速度产生并且被取代。

8.7　五五均分法

在某些情况下,可以十分合理地预测到会出现行与列社群的某种混合。在这种情形下,相同的类型将在两个社群中出现,尽管他们可能并不以相同频率出现。这一思想可以模型化如下。设 $T = T_1 = T_2$ 为一个当事人所有可能的类型集合。令 $\pi(\tau, \tau')$ 为在任意给定时期内类型对 $(\tau, \tau') \in T \times T$ 被选中参加讨价还价的概率。第一项 τ 代表行博弈方的类型,而第二项 τ' 则代表列博弈方的类型。如果在 $T \times T$ 中的每一对都以正概率发生,则分布 π 将角色混合在一起。混合是两个类之间流动的一个自然结果。如果类是严格的但行和列博弈方是从相同的"基因组"中抽取的话,那么如下情形也可能发生:每个人都具有一个成为任何类型 τ 的正的概率,尽管成为一个 τ 的概率对于行和列可能是不同的。

当 π 将角色混合时,所述的定理 8.2 就成立了,其中 $T_1 = T_2 = T$。由于函数 $F(X)$ 关于 1/2 是对称的,而且由于五五均分对于所有的精确度 δ 来说都是一个可行解,所以我们就得到了如下结果:

推论 8.1　令 G 为精确度是 δ 的离散纳什要价博弈,它由角色混合的两种有限的社群适应性地进行博弈。对于所有充分小的 δ 而言,唯一的随机稳定的分法是五五均分。

回忆一下,对于五五均分的通常论证是它组成一个凸显的聚点,从而使得它成为一个协调的有效方法(Schelling, 1960)。另一种论证是许多人都感觉五五均分是公平的,并且人们从公平地对待别人中获得效用。总之,这些论证是说五五均分无论作为一个协调机制,还是因为它满足公平的要求,都具有价值。然而,在各方提供非常不同的投入(例如农业中的土地和劳动)的经济议价中,这些论证却并不是特别令人信服。当双方的角色不对称并且很显然是不平等时,五五均分就失去了作为一个聚点的凸显性,并且也可能失去了它所说的"公平性"。然而,在非对称状况下的当事人之间进行的经济讨价还价中,五五均分实际上还是相当普遍的。比如,在农业中,收成的等额分成在世界许多地方都是一项非常普遍的契约形式,其中包括美国的中西部地区。[2]

上述结果为五五均分(以及更一般地,将超过双方未达成协议的剩余部分进行平分)提供了一个不同的解释。当讨价还价者从某一个给定类型的社群中被抽取出来以后,他们的预期就由前例形成了,等额分配就是长时期以来最稳定的惯例。一旦形成,它就很难再被取消。用这种方法进行解释的话,等额分配之所以是一个聚点,可能就是**因为**它是稳定的,而不是反过来的。

注释

① 给定假设 a, $b \leqslant 1/2$,可以证明(如同定理 4.1 的证明)那些离散的规范只是当 $\varepsilon = 0$ 时的过程 $p^{\varepsilon, \delta, a, b, m}$ 的常返类。当 $\varepsilon > 0$ 并且错误是局部性的时候,过程就不一定是不可约的了。但是,它具有唯一一个常返类,它对于所有的 $\varepsilon > 0$ 都是相同的并且包含所有的规范。文中所描述的关于计算随机稳定规范与有根树的方法在这种情况下仍然是有效的。

② 参见文献 Bardhan(1984);Robertson(1987);Winters(1974);Scott(1993)。

契　约

前面一章考察了适应性学习对于一种特定契约形式即分配一块给定的馅饼的作用。这里我们将会把分析扩展到更加一般化的契约演化上。所谓一个**契约**，我们指的是决定人们相互之间关系的各种条款。契约可以是书面的或是非书面的，显性的或是隐性的。有些契约阐述得很详尽，例如雇农与地主之间的租雇契约或是银行家与借款方之间的贷款合同。其他的大多数是隐性的，例如，一对夫妇对于婚姻的共同理解。还有其他的一些则是介于两者之间：雇佣契约在某一些事情上通常是很明确的，比如工作的小时数，但是在其他方面则相当模糊，比如表现与酬劳之间的关系等等。

无论条款是隐性的还是显性的，要使得一个契约持久，重要的是双方都知道对于各种突发事件他们都能从中预期到什么，以及行为要与预期保持一致。这就创造了对于标准或者惯例性的契约需求，而这种契约已经由以往的经验测试过了，因为各方都很明确地知道他们的条款意味着什么，以及他们在不同情况下是如何进行博弈的。而且,标准契约的存在也使得各方更容易在本来会十分复杂的,而且也许是模棱两可的讨价还价情况下达成条款。

在个人水平上我们可以将契约的选择模型化为一个纯粹协调博弈。一个博弈方所要求的条款是由他对于另一方将要求的条款的预期来决定的,而这些预期则是根据观察另一社群中的当事人在以前各期中实际所要求的条件决定的。我们进一步假定学习过程受到小的随机扰动的冲击,这些扰动代表着独癖性行为和其他小的扰动。这一学习过程对于在长期中很有可能占主导地位的那些契约的福利性质具有特别显著的意义。特别地,我们将表明适应性学习趋向于选择有效率的契约形式——预期得益处于帕累托边界上。进一步地,来自于这种契约的得益趋于集中在帕累托边界上而不是在边界附近。当得益形成一个凸集合的离散近似时,随机稳定的契约给予各方的得益**相对于**在他们最偏好的契约中所获得的得益较为均等。如果在经济与社会秩序背景下加以解释的话,这就是说在给定各方得益机会的条件下,最稳定的契约安排就是那些有效率的,并且多少有些平均主义的契约安排。

9.1　作为协调博弈的契约选择

考虑不相交的两类人 A 与 B——他们可能彼此间会建立相互关系。例如,他们可能包括雇主与雇员、男人与女人、拥有方与租赁方、债权人与债务人。为了简便起见,我们将假定每一种关系都包括一对人,并且他们之间的关系条款可以由有限个可互相替代的**契约**加以表示。设 a_k 为 A 博弈方从第 k 个契约中得到的期望得益,而 b_k 为 B 博弈方的期望得益,$1 \leqslant k \leqslant K$。我们假定这些得益代表博弈方在不确定性下的选择,并且它们满足通常的冯·诺依曼—摩根斯坦公理。我们也将假设每个人都知道他自己的得益,但我们无需假设每个人都知道别人的得益。

在每期的开始,从 A×B 中随机抽取一对博弈方,其中每个人都说出

这 K 个契约中的一个。如果他们说的是同一个契约，则他们就能形成那些条件所规定的关系，并且他们的预期得益为 (a_k, b_k)。如果他们说的是不同的契约，他们就被分开直到下一次匹配。我们将假定所有的契约都是**合意的**(desirable)，即从任何可行的契约中得到的预期得益都要严格高于未达成协议时的预期得益。不失一般性，我们可以将每个博弈方的效用函数正规化，使得从互不关联的状态中得到的得益为 0。常返博弈因而就是一个 $K \times K$ 的**纯协调博弈**，其中对角线上的得益是正的，且非对角线上的得益为 0。事实上，下面的分析适用于任何纯协调博弈，而无论它是否这样产生。

令 $P^{m,s,\varepsilon}$ 为应用于这种情况的适应性学习。如通常那样，误差项反映了这样一种思想：博弈方有时候因为某种模型之外的独癖原因作出选择。尽管这些非惯例的、怪癖的选择常常会导致丧失那些与更加常规思维相伴的机会（并且因此怪癖的人就更有可能不被匹配），但是如果有足够多这样的选择积累起来，那么它们也可能会导致社会转到一个新的行为准则。就目前而言，我们将假定（如同以前几章一样）这些独癖性冲击在当事人中间是独立同分布的。在本章的第七部分，我们将表明即使这种冲击是相关的，长期结果也仍然会保持不变，只要相关程度不是过大。

9.2 最大最小契约

一个契约是**有效率的**，假如不存在其他的契约能给双方带来更高的得益。它是**严格有效率的**，如果没有其他契约可以给一方带来至少同样高的得益而给另一方带来严格更高的得益。令 $a^+ = \max_k a_k$ 为在某种契约下，对于 A 博弈方的最大得益；类似地，令 b^+ 为 B 博弈方的最大得益。不失一般性，可以将效用函数重新度量，使得 $a^+ = b^+ = 1$，并且我们将因此假定这种正规化已经被作出。将契约 k 的**福利指数**定义为 a_k 与 b_k 中的较小者，

$$w_k = a_k \wedge b_k \qquad\qquad (9.1)$$

并设：

$$w^+ = \max_k w_k \qquad\qquad (9.2)$$

福利指数为 w^+ 的契约将被称为一个**最大最小契约**（maxmin contract）。一个最大最小契约有利于最不利的那一类，因为对于那类相对于自己最偏好的契约而言处境最糟糕的人来说，没有任何其他的契约能给他们带来更高的预期得益了。

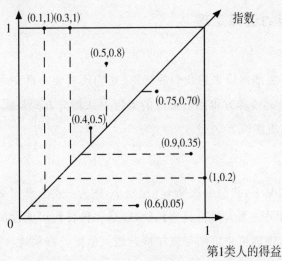

第2类人的得益

图 9.1 8 个契约的福利指数

图 9.1 说明了 8 个不同契约的福利指数，以及最大最小契约。虚线与对角线的交点决定了福利指数，而 w^+ 则是沿着对角线位于最远处的值。

尽管如此，为什么这样比较冯·诺依曼—摩根斯坦效用是有意义的呢？从个人角度来看，这是没有意义的，但是我们并没有假定个人作这种比较。（如果他们不知道别人的效用函数的话，他们又怎能作比较呢?)之所以说是有意义的,是指**社会**通过前例对于预期的反馈效用来进行人际间的比较。而且,对于这个现象有一个简单的解释:个人根据他们的收益乘上他们预期**对方**选择这些相同行为的概率来选择自己的行为。在一个随机的环境里,这就意味着具有不同效用函数的个人以不同的速度调整他们的选择行为。因此人际间的比较就隐性地产生了,因为冯·诺依曼—摩根斯坦效用的差异意味着在随机环境中行为适应的不同速度。在社会水平上,这就创造了一个选择偏向,使得它有利于最大最小准则,或是接近于它的某种东西,而这正是我们现在将要说明的。

9.3 契约选择定理

为了更准确地表达我们的结论,我们还需要一些记号,用 a^- 代表在所有那些 B 博弈方得到最大值的契约中 A 博弈方的最低得益,类似地可定义 b^-(见图 9.1)。设:

$$w^- = a^- \vee b^- \tag{9.3}$$

在正常状况下,我们会预期 w^- 比较小,因为一类人获得最大可能的得益通常会以另一类人的得益为代价,这是一种替代可能性的结果。我们说 w^- 越小,则随机稳定结果就越接近最大值解。特别地,将**扭曲参数**(distortion parameter)α 定义为:

$$\alpha = w^- (1 - (w^+)^2)/(1 + w^-)(w^+ + w^-) \tag{9.4}$$

注意当 w^- 很小并且/或者 w^+ 接近 1 时,α 就较小。

定理 9.1 设 G 为双人纯协调博弈,并设 $P^{m, s, \varepsilon}$ 为适应性博弈。如果 s/m 充分小,则每个随机稳定状态就是一个惯例;而且,如果 s 足够大,则每个这样的惯例都是有效率的,并且由于其福利指数至少为 $(w^+ - \alpha)/(1 + \alpha)$,所以在这种意义上,每个这样的惯例也都近似于最大最小化。

这个下界的有用之处依赖于手头的问题。在图 9.1 所示的例子中，$w^+ = 0.700$ 而 $w^- = 0.200$，所以 $\alpha = 0.067$。因此该定理说随机稳定结果至少具有 $(0.700 - 0.067)/1.067 = 0.593$ 的福利指数。从图中很明显可以看出，满足这一标准的唯一契约就是最大最小化契约。假如存在其他福利指数介于 0.593 与 0.700 之间的契约，则该定理将不会排除它们；然而总的来说，增加更多的契约会趋于增高 w^+ 而降低 w^-，这使得 α 下降并且相应地提高该定理的判断力。

虽则定理 9.1 没有为所有的协调博弈提供最远的可能下界，但它对于某些博弈来说却已经是最好的可能了，正如我们在本章第五部分将说明的那样。而且有一些重要类的博弈，其随机稳定结果本质上无异于最大最小解。这包括 2×2 协调博弈，对称协调博弈，以及得益形成的一个对凸讨价还价集的离散近似的协调博弈。事实上，后者中随机稳定的结果就是 Kalai-Smorodinsky 解，我们会在后面加以说明。

计算随机稳定结果的一般方法依赖于前几章中所发展的方法。特别地，方程 (7.2) 表明从协调均衡 j 转到协调均衡 k（是样本容量 s 的函数）所受的阻力由下面的表达式给出：

$$r_{jk}^s = [sr_{jk}]，其中 r_{jk} = a_j/(a_j + a_k) \wedge b_j/(b_j + b_k) \qquad (9.5)$$

然后我们将运用有根树的方法来确定具有最小随机势能的均衡，正如第 3 章所描述的那样。

9.4　婚姻博弈

让我们用一个涉及婚姻契约的例子来说明这些思想。通常我们观察到的是男人与女人常常会在婚姻中扮演不同的角色，而且这些差别在很大程度上取决于社会习俗。例如，在巴布亚-新几内亚的正常而又合乎习惯的婚姻安排可能在瑞典就既不正常也不符合习惯。进一步讲，对于这些事情的社会预期会随时间变化。在欧洲和美国,比如说,已婚妇女的权利在过去两百年间发生了显著的演变,从她们只享有很少自主权的情况转变到更接近于平等的情况。这一变化来自于普通民众的态度和期望的渐渐转变,而不是来自于任何确定性的事件;因此它有着明显的演化味道。尽管上述的理论并不旨在详细地解释这种历史的发展,然而它却可以为一个相关问题提供洞见:在某些方面互相依赖的人们之间所形成的伙伴关系中,怎样一种对权利的分配方式在长期中才是最为稳定的呢?

为了分析这个问题,考察下面的"婚姻博弈"。有两类当事人——比如男人和女人——他们可以彼此间建立伙伴关系或者说"婚姻"。每个婚姻是由三类契约安排中的一类所决定的:男人掌权,女人掌权,或是他们共同掌权。让我们假定每一个这样的安排都是等效率的,这样唯一的问题就是在该关系中权力的分配。让我们进一步假定,一个人进入某种给定的契约安排的可能性是受到在给定社会中这种安排的**习俗化**的程度大小影响的。

演化过程进行如下。在每一期,一个男人与一个女人尝试性地配对,并且两个人每人都提议三种可能契约中的一种。如果他们所说的是相同的契约,则他们就结婚;如果所说的不同则算谈崩。假设得益如下:

		男人		
		掌权	分权	让权
女人	掌权	0, 0	0, 0	5, 1
	分权	0, 0	3, 3	0, 0
	让权	1, 5	0, 0	0, 0

婚姻博弈

每个结果都有着相同的总效用,这个事实在这里是无关重要的;事实上效用函数可以按我们所要求的任何方式重新调整,而不会影响这三个协调均衡之间的阻力[见等式(9.5)]。这些阻力在图 9.2 中予以说明。从中我们看到分享权力的行为准则是唯一的随机稳定结果,只要样本容量充分大。具体而言这意味着,当噪音很小时,在长期中分享权力的准则被观察到的概率比其他任何安排都要高得多。

重要的是,要意识到这个结果取决于各种契约安排的**福利**含义,而不是取决于他们的特定**条件**。尤其是,该模型并不一定预示在双方具有不平等的能力或品味的情况中,他们会获得相等的对待。在这种情况下,效率可能就要求不对称的安排,在这种安排下每个参加者承担那些他特别愿意的或者是特别适合的任务。定理 9.1 的重要观点就是对于某些契约安排存在一个长期的选择偏向,在这些契约安排中,**相对于**双方在其他安排下所能享有的**福利**而言,它能给双方都提供一个相当高的福利水平。

而且,对于这个结果有一个很简单的直观解释。具有极端得益含义的惯例相对来说是比较容易被推翻掉的,因为对于社群中的某一群成员来说,与在某种其他安排下的情况相比,他们在现在这种情况下是感到不

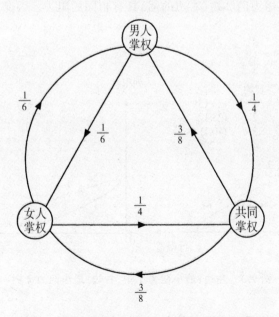

图 9.2 婚姻博弈中均衡之间的化简后的阻力

满意的。无需很多的随机冲击就可以创造一个环境,使得感到不满意的社群成员宁愿试试一些不同的东西。这包含着被"分离"(unattached)的风险,但是假如被连结的得益充分小,它也许就可能是一个值得去冒的风险。与之相对照,在分享权力的准则中,双方在给定的其他选择下都享有比较合理的高收益,因而要求变化的动力就较小。更一般地,定理9.1说明,演化过程在长期将趋于把社会从可行得益集合的边界上推向有效率边界的"中间",正如最大最小标准所定义的那样。

9.5 表明偏离严格有效率和精确最大最小的例子

我们现在要说明为什么该定理无法再实质性地加强了。首先,我们展示一种情况,其中(随机)稳定契约是有效率的,但却并非严格如此。在图 9.3 中,契约 1 帕累托弱占优于契约 2,但是最小阻力的 1 树(左边的图)和最小阻力的 2 树(右边的图)具有相同的阻力。因此这两个契约都是稳定的。

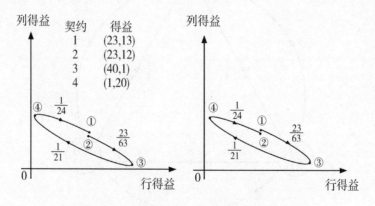

图 9.3 左边:最小阻力 1 树;右边:最小阻力 2 树

接下来的例子表明当有至少 4 个博弈时,定理中的边界是紧的。选

择实数 w^-、w 和 w^+,使得:

$$0 < w^- < w < w^+ < 1$$

考虑 4 个契约,它们的得益如图 9.4 所示,其中 w^- 和 w^+ 是具有(9.2)式和(9.3)式所定义的意义。左边的图表明植根于 (w^+, w^+) 的最小阻力的树;右边的图表示植根于 $(w, 1)$ 的具有最小阻力的树。具有得益 $(w, 1)$ 的契约与最大最小契约 (w^+, w^+) 相比,将具有相同或者更低的随机势能,如果:

$$\frac{w^-}{1+w^-} + \frac{w^+}{1+w^+} + \frac{w^-}{1+w^-} \leqslant \frac{w^-}{1+w^-} + \frac{w}{1+w} + \frac{w^-}{w^-+w^+}$$

它可简化为 $w \geqslant (w^+ - \alpha)/(1+\alpha)$,其中 α 如(9.4)式定义。因而当博弈是 4×4 时定理 9.1 中的边界是最好的可能了,并且这个论述也很自然地扩展到更大的博弈上去。

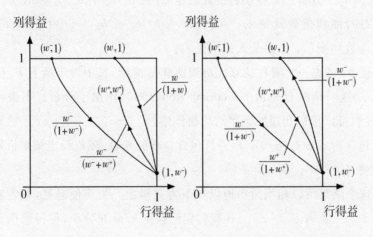

图 9.4　左边:最小阻力(w^+, w^+)树;右边:最小阻力$(w, 1)$树

9.6　小博弈与对称协调博弈

在本节中,我们讨论两类特别的博弈,其中在选择过程中没有扭曲,

而且最大最小化结果是随机稳定的。一种这样的类就包括 2×2 协调博弈，其中得益采用形式：

	1	2
1	a_1, b_1	$0, 0$
2	$0, 0$	a_2, b_2

$a_1, b_1, a_2, b_2 > 0$

从定理 4.1 中我们知道适应性学习选择那些最大化各博弈方期望得益之积的均衡，亦即风险占优均衡。我们认为任何这样的均衡是最大最小化的。让我们假定 $(1, 1)$ 风险占优 $(2, 2)$，即 $a_1 b_1 \geqslant a_2 b_2$。如果 $(1, 1)$ 也是帕累托占优 $(2, 2)$，则 $(1, 1)$ 具有福利指数 $w_1 = a_1/a_1 \wedge b_1/b_1 = 1$，而 $(2, 2)$ 具有福利指数 $w_2 = a_2/a_1 \wedge b_2/b_1 < 1$。因而前者是最大最小均衡。如果 $(1, 1)$ 不是帕累托占优 $(2, 2)$ 的话，我们就可以假设 $a_1 < a_2$ 且 $b_1 \geqslant b_2$。这样 $(1, 1)$ 福利指数就是 $w_1 = a_1/a_2 \wedge b_1/b_1 = a_1/a_2$，而 $(2, 2)$ 的福利指数就是 $w_2 = a_2/a_2 \wedge b_2/b_1 = b_2/b_1$。由于 $a_1/a_2 \geqslant b_2/b_1$，故均衡 $(1, 1)$ 是最大最小化的。

接着，考虑一个对称的双人协调博弈的情形，其中对于所有 k，有 $a_k = b_k$。这一情况首先由 Kandori 和 Rob(1995) 作出了分析。不失一般性，我们可以按福利递减顺序给均衡排序：$a_1 \geqslant a_2 \geqslant \cdots \geqslant a_k$。帕累托前沿包含得益数对 (a_1, a_1)，并且包含这样的断言：随机稳定结果恰好是那些使得 $a_k = a_1$ 的 k。

这个结果可以相当简单地以如下方式得出。为简便起见，假定对所有的 $k \geqslant 2$ 都有 $a_1 > a_k$。让我们同时假定 s/m 充分小，使得惯例是未受扰动过程的仅有常返状态。用一个图的一个顶点来代表每一个这样的状态，并将顶点标为 $1, 2, \cdots, K$。由 (9.5) 式，从顶点 $k > 1$ 出发的最小阻力边线指向顶点 1，并且化简的阻力严格小于 $1/2$。另一方面，每一条由顶点 1 出发的边线阻力也至少具有 $1/2$ 大小的化简阻力。这意味着植根于顶点 1，并且包含有向边 $\{(2, 1), (3, 1), \cdots, (K, 1)\}$ 的树比其他任何一个有根树都具有严格更小的化简阻力。因此当样本容量 s 充分大的时候,在所有有根树中它具有最小的阻力。从而均衡 1 就对应着唯一的随机稳定惯例。

9.7 Kalai-Smorodinsky 解

假设各种契约的得益位于一个紧的凸集 $C \subseteq R_+^2$。同时假设 C 是**综合性的**(comprehensive):给定任何 $(a, b) \in C$,C 都包括所有那些满足 $(0, 0) \leqslant (a', b') \leqslant (a, b)$ 的数对 (a', b')。最后假定 C 包含一个严格的正得益数对,这样的话 C 就是一个**讨价还价集**(bargaining set),亦即一个紧的、凸的、综合性的、全维的 R_+^2 子集。

给定任何一个这样的讨价还价集 C,设 $a^+ = \max\{a : (a, b) \in C\}$ 并且 $b^+ = \max\{b : (a, b) \in C\}$。**Kalai-Smorodinsky 解**是 C 中唯一的向量 (a^*, b^*),满足 $a^*/a^+ = b^*/b^+$ 为最大值。用 w^+ 代表这个最大值。

将 C 离散化如下:对于每个小的 $\delta > 0$,设 C_δ 包含所有的得益向量 $(a, b) \in C$,使得 a/δ 和 b/δ 是严格的正整数。显然,在 Hausdorff 测度中,$C_\delta \to C$。如果必要的话重新标度效用函数,就像在(9.2)式和(9.3)式中那样定义 $w^-(\delta)$ 和 $w^+(\delta)$。由于 C 是综合性的,所以随着 $\delta \to 0$,有 $w^-(\delta) \to 0$。由于 C 是凸的,所以随着 $\delta \to 0$,有 $w^+(\delta) \to w^+$。如在(9.4)式中那样定义 $\alpha(\delta)$,它意味着当 $\delta \to 0$,有 $\alpha(\delta) \to 0$。因此由定理 9.1 所保证的随机稳定惯例必定在 δ 很小时会接近于 Kalai-Smorodinsky 解。

为了准确地表述这一结果,让我们说数对 $(a, b) \in C_\delta$ 将是**随机稳定的**,如果对于所有充分大的 s 和充分小的 s/m,相关的惯例在 $P^{m, s, \varepsilon}$ 中是随机稳定的。

定理 9.2 设 C 为一个讨价还价集,并且设 G_δ 为一个纯粹协调博弈,这个博弈对于每一个很小的精确度 δ 而言在 C_δ 中都具有协调均衡的得益。随着 δ 变小,随机稳定得益就收敛于 C 的 Kalai-Smorodinsky 解。

9.8 相关冲击

在这一章以及前续几章中,通过假定行为的变化是由许多不协调的和独癖性选择的积累所导致的,我们已经对随机的变异进行了模型化。当然这并不是发生社会变迁的唯一方式。有时候个人对于一个共同事件,比如说一个技术冲击,作出反应。或者他们的期望可能会被一高度可见的人(一个角色的模范)的行为所改变。我们并不想低估这种随机影响的多样性与复杂性,然而我们可以说它们本身并不会改变论述的本质内容。为了看出何以如此,考虑一个当前规范为 h_j 的协调博弈。为了将这个过程推翻到其他某个规范 h_k 的吸引域内,就要求至少有 $[sr_{jk}]$ 个人想要 k 制度而不是 j 制度。当这些变化产生于互不相关的行为偏离时,其中每一个偏离具有概率 ε,则该事件的概率就与 $\varepsilon^{[sr_{jk}]}$ 是同阶的。

现在反过来假定个人并不是独癖地变化的,而是群体性地变化的。为了具体起见,我们假设只要有一个人作出了一个独癖性的选择,那么对于接下来的 p^{-1} 期,同一类中的每个人都一定会重复这一选择。这对应于这样的含义:新的思想会影响给定类中的每一个人,但是在 p 期之后,这个思想就消亡了(一个例子就是一本赞颂 k 制度比 j 制度好的书)。假定一个新思想在任一给定时期内影响某一类的人的概率为 ε。在该模型的这个相关版本中,每 p 期仅仅需要 $[sr_{jk}/p]$ 次"冲击",就能将过程从 h_j 推翻至 h_k。当 ε 很小时,这一事件的概率就与 $\varepsilon^{[sr_{jk}/p]}$ 同阶。这就意味着在相关和不相关的模型中,随机稳定的规范都最小化相同的随机势能函数(根据化简的阻力 r_{jk}),只要 s 相对于 p 充分大就行了。

尽管上述框架诚然还只是一个契约型构的程式化的模型,但是它的确包括了一些肯定是相关的关键性因素。这些因素包括在形成预期的过程中前例的重要性,个人对于复杂环境的有限理性反应,以及行为中的独癖性变异等等。将这些特征模型化的特定方法可能会在一定程度上改变结论。但是看来可以合理地推测：这样一个过程最有可能出现的结果将趋于接近可行的得益集合的"中间值"。原因是得益位于边界附近的契约关系总有些不稳定。这意味着某些群体是不满意的，而且这样一个群体越是不满意，就越是容易受到能够让成员们觉得有希望得益更多的那些新思想的诱惑。换言之，变化是由那些能从变化中获得最多的人所推动的。长期来讲，这就趋向有利于那些有效率的，并且在可能的得益集合内给每一方都提供了相当高得益的那些契约。

10 结 论

　　我们所描述的理论具有两个一般性的含义。一方面，它展示了博弈论中高度理性的解的概念如何能产生于一个由低度理性的人所组成的世界。根据这一思路我们重新阐释的概念包括纳什讨价还价解，在 2×2 博弈中的风险占优均衡，劣策略的重复消去，最小边界集，以及纯协调博弈中的有效率均衡。而且，在某些类型的扩展型博弈中，可以得到子博弈完美均衡和前向归纳的各种形式（Nöldeke and Samuelson，1993）。按照这种方式解释的话，演进的方法是一种重构博弈论的方法，它对于知识与理性作出最小程度的要求。

　　更概要地解释的话，该理论揭示了由众多个人的简单的非协调的行为产生出的经济和社会结构会有多复杂。当一种交互作用一遍又一遍地发生，并涉及不断变化的人物时，就产生一个反馈的回路，其中某些当事人过去的经历就塑造了其他人在当前的预期。这个过程产生了可预测的均衡模式和非均衡的行为，这些行为可以理解成是社会和经济的"制度"，亦即业已建立起来的习俗、习惯、规范和组织形式。尽管我们将博弈看成是我们基本的交互作用的模型,但是这个理论可以应用到很多其他形式的交互作用中去,正如我们在邻居隔离模型中说明的那样。

诚然,我们所研究的简单的交互作用模型与我们所看到的在我们身边的经济与社会制度之间还有相当大的差距。例如,要让人识别出决定谈判和经济契约实施的一套完整的规则和激励,这是强人所难的。而要写下那些代表着,比方说,工作地点或者是家庭中的交互作用的博弈就更加困难了。但是,这些制度可以被认为是某些定义恰当的高维博弈中的均衡。对于正确的或者说在道德伦理上可接受的行为惯例来说也是这样。有时候我们把这些看成是"规范"而不是"惯例",因此就表达出这样的思想:偏离规范是要受到惩罚的。然而对于我们的目的而言,这并不是一个本质上的区别:规范也可以表示为在一个重复博弈中的均衡,其中社会的指责和其他形式的惩罚是对于偏离规范(以及那些没有执行适当惩罚的人本身)的预期后果。我们的理论适用于所有这些情况:人们通过反复的交互作用以及他人的交互作用的经历来形成对于他人是如何行为的预期,这最终又体现为可观察到的行为模式。

然而,即使我们认为习俗和规范可以被看成是博弈中的均衡,但它们是通过许多的未协调的决定渐渐累积产生的,还是产生于一些关键人物的协调一致的有意识的行动呢?显然如果说它们**仅仅**以第一种方式产生,就显得十分荒唐。有很多制度和行为的模式时常是由有影响力的人批准(或者推行)某一种特定的行事方式而形成的。拿破仑构建的法典至今仍然统治着很多欧洲大陆国家;俾斯麦为德国的产业工人建立了社会保障体系,这为很多以后的体系提供了模式①;凯瑟琳·麦迪西(Catherine de Medici)令用餐时使用叉子在法国变得流行②。主要的博弈方显然在经济和社会制度的发展中起着重要的作用,但是这并不意味着小人物就**不**重要了。主要的博弈方的行动很显眼所以很容易让人识别出来;而个人行为的小的变化比较微妙,很难准确地描述,但是最终对于某些制度的发展可能更为重要。而且,我们猜想有影响力的人常常被认为是某些事情发生的原因,但其实这些事情无论如何总是会发生的。

即使主要的博弈方有时候的确很重要,但相对于我们所考虑的社会制度的规模而言他们可能就是次要的。考察语言的演进:它是由主要的博弈方还是次要的博弈方决定的? 文字变成现在的形式部分是由于市井的闲谈,部分是由于教育,部分是由于媒体的传播。很难说长期来讲哪一个更加重要。还应该记住大群博弈方的协调决定在事物的整个发生机制中却常常是很小的。考察在美国第二外语比如汉语或者日语的教学。选择要教哪一门语言常常是由学校而不是由个人决定的,所以我们可能就会认为选择是由"大的"博弈方作出的。然而事实上有很多的学校常常以一种未经协调的方式作选择。内布拉斯加的学校很可能在语言课程设置上并不和艾奥瓦的学校进行协调。即使它们协调了,他们几乎肯定不与德国的学校协调他们的选择。在我们能够感知的几乎每一个层次上,这些决定相对于整体而言都是以一种相当分散的方式作出的。而且,总体才是重要的:学习二外的价值取决于世界上其他学习这些语言的人数。在这个协调博弈中的博弈方确实可以非常大(国家),但是在整个过程的规模上却仍然相当小。

类似的论述也适用于很多种其他类型制度的演进:通货的采纳,特定契约种类(例如租赁契约、就业契约、婚姻契约)的使用,社会可接受的行为规范,对于偏离社会可接受的行为所采取的可接受的惩罚,等等。所有这种形式的交往都是通过社会成员的一致性的预期以制度的形式保持下来。推动变化发生的部分是由那些将预期变化为新均衡的小的个人变化引起的,部分是由有影响力的个人和群体的协调一致的行动引起的。我们已经强调了小博弈方的作用,但是并不否认更大博弈方的重要性。

另一个重要的问题就是变化发生的**速度**。变化部分是由潜在的调整动态推动的,部分是由独癖性冲击推动的。典型地是前者要比后者作用得更加快。在实际中,这短期内过程的轨线将严重地受到初始条件的影响,并且动态学可以用**期望的**运动相当好地加以近似。独癖性冲击只有在长期才能感觉得到,就好像各种制度先是建立起来然后又被废除一样。使得这些制度转型所需要的时间长度取决于随机冲击的大小和它们之间的相关程度,当事人作决定时所需要的信息量,以及他们在小的、紧密联结的群体中互相交往的程度。还应该要想到,在这些模型中的等待时间是用"事件"时间衡量的,成千甚至上百万的不同的事件可能被压缩在一个很短的"真实"时间段里面。因此长期的长度关键取决于学习环境的细节。然而一般来讲,如果发现社会在一个与理论所作的长期预测不一致的制度中运行很长时间,那么这也并不足为奇。制度一旦建立,就可以把人们锁入到很难让人摆脱的固定的思维方式中去。然而建立的制度是可以被废除的,而且随着时间的流逝它们的确在被废除着。

前面的章节已经描述了研究制度变迁动态学的一个一般的方法,它是建立在分散的个人对他们所面对的不断变化的环境调整着他们的预期与反应的一个简单的模型基础上的。特别是我们假定人们运用简单的统计模型来预测在给定的情况下他人是如何行为的。通常(但并非总是)他们在给定的预期下选择一个短视的最优决策。显然还可以想像这样一种学习过程的很多变形和拓展,其中有一些我们已经在第 2 章中讨论过了。比如,我们很自然会问结果对于界定学习规则的不同方式而言有多敏感。特别有意思的是考察有各种不同类型的学习者所组成的一群人的行为:其中有些人运用统计预测,有一些人则模仿他人,还有一些人根据过去的经验以巴甫洛夫的方式对得益作出反应。

模型的另一个拓展是识别出博弈方之间的交互作用在一定程度上是内生的。③两个博弈方相遇的概率可能取决于约会过程的历史——他们以前相遇过几次,从他们以前的交互作用中产生的得益有多大,等等。比如说,在一个个人交换物品的模型中,从交换中获得的巨大好处可能就会加强今后这些当事人交换的概率。这就导致了交易网络内生地形成。在人们进行社会性交往的情形中,可以想像人们倾向于选择在种族、收入、语言和地理位置等方面与自己相像的人作为伙伴。还可以进一步假设交互作用的事实会使他们更加相像。这样一个过程可以产生不同的部落或者城堡，他们有着很多的内部交互作用但是互相之间的联系却很有限。④的确存在重复性冲击的时候，应该可以预测分层的（或者连通的）排列在长期中出现的相对似然性。这一研究的要点就是勾勒出一个处理这些问题的一般性的框架，而不是证明某个单个的学习规则是正确的，或者某一个社会交互作用的模型比另一个更加现实。

但是，这些过程有一些定性的性质在各种不同的模型设定下和经受（至少在原则上）实证检验时很可能是稳健的。为了具体地说明这些特征，设想一群人分成很多类似的子群，或者说"村庄"，这些子群之间互相不发生作用（比如说，他们可能位于不同的岛上）。考察一种交互作用的形式——一个博弈，该博弈在每一个村庄中都经常进行，并且设这个博弈具有多个严格的纳什均衡。例如，交互作用可能涉及一个委托人和一个代理人，他们试图在契约的形式上达成协调，这个契约决定了他们之间的关系。进一步假设系统受到持续的独癖性冲击的影响，这些冲击都很小但是并不是几近消失的小。下面三个特征对于这里分析的适应性的动态学是有效的，并且毫无疑问对于更加广泛的一类随机学习过程也是成立的。

局部遵同性，全局多样性。在每一个村庄中，在任何给定时间，行为都很可能接近于某个均衡（局部的惯例），尽管独癖的、违反常规的行为在某种程度上也会发生。不同的村庄由于历史的偶然性也可能在不同的惯例下运作。

间断均衡。在每一个村庄中，都会有一个很长时期的稳定期，其中某一个均衡保持在原位不变，被一些偶然的小插曲所打断，在这些小插曲中村庄对随机冲击作出反应而从一个均衡转为另一个均衡。因此在某个时期的某个地方就有暂时的多样性和空间多样性。

均衡稳定性。有一些均衡天生地要比另一些均衡更加稳定，并且一旦建立起来，它们就趋向于存在很长的时间。不同均衡的相对稳定性可以通过在某个时间点上它们在不同村庄里发生（或者它们在很长时期里在每一个村庄中发生）的频率反映出来。当随机扰动很小的时候，这种频率分布的模式将以很高的概率十分接近于随机稳定均衡。

对于理论的挑战是决定这些以及相关性质的预测是否经得起实证的检验。在寻找证据时，我们就想集中在那些由不断变化的人所经常进行的博弈，其中前例在形成预期方面发挥着重要的作用，并且在这些博弈的遵同性（比如在协调博弈里面）中能产生正的强化效应。契约的形式是很自然的候选者，因为它们的实施是由法庭执行的，这就倾向于依赖前例来决定契约条款的含义以及违约后所要作的补偿。对于职业操作（在医疗、会计或者法律方面）的标准的分析也是类似的。交流的方式，包括语言的演化，也具有很多相关的特点。读者无疑也会想到其他一些例子。

当然，这里发展的理论，就像所有理论一样，都抽象掉了很多在实际运用中必然会出现的复杂性。一种复杂性就是博弈会随着时间而改变。如果它们改变得太快的话，那么适应性学习的过程就可能没有时间变化到长期的模式上来。在这种情况下，在这种适应性过程的分析中占据中心地位的就应该是暂时过渡的而不是渐进的行为。另一个复杂性在于博弈以及由它们产生的惯例不可能总是被孤立地对待的。几乎每一个我们能够想到的博弈都是内嵌于一个更大的博弈中。在契约形式上的讨价还价是在法律的影子下进行的，而法律又是在伦理的氛围（penumbra）下运作的，伦理又有着宗教信仰的色彩。一个区域的规范和惯例不可避免地会溢出到其他的区域；没有明确的界限可以划清我们与他人的关系。毫无疑问所有这些交互作用都可以作为一个大的博弈写下来。同样毫无疑问它们不会被写下来。

然而我们必须从某个地方开始。正因为完美的区域和没有摩擦的平面都是理想化的但却是模型化机械的交互作用的有用的概念，所以我们可以将博弈和学习规则看成是模型化社会和经济交互作用的基础。尽管不能期望我们的方法能够预测任何单个制度形式的历史，但是它却揭示了制度是根据特定的空间和短暂的模式不断演进的，并且在制度的持久性和它们对于个人的福利含义之间是有着联系的。

注释

① 在德国的体系中退休的标准年龄最初是设在 70 岁，在第一次世界大战中下降到 65 岁，后来这变成了许多退休体系中的一个标准的特征（Myers，1973）。

② 当 Catherine 在 1533 年嫁给后来的法国国王亨利二世时，她从意大利带来了叉子。在当时法国和其他北欧国家的习俗是用尖头的刀具来切割食物或者是用手指来抓食物（Giblin，1987）。

③ 参见文献 Mailath，Samuelson and Shaked(1994)；Tesfatsion(1996)。

④ 参见文献 Axelrod(1997)。

附录 若干定理的证明

引理 3.1 （Freidlin and Wentzell，1984） 设 P 为定义在有限状态空间 Z 上的一个不可约的马尔可夫过程。P 的稳态分布 μ 具有如下性质：每一个状态 z 的概率与它的 z 树的似然率之和成比例，亦即，

$$\mu(z) = v(z)/\sum_{w \in Z} v(w),$$

其中
$$v(z) = \sum_{T \in \mathcal{T}_z} P(T) \tag{A.1}$$

证明：让我们将状态看成一个图形的顶点。对于任意两个不同的状态 z 和 z'，我们把从 z 到 z' 的有向边表示为有序数对 (z, z')。固定某一个状态 z。一个 z **环**就是有向边的一个子集 C，并满足：(i) C 包含单个的有向环，该环包含 z，以及 (ii) 对于任意一个不在环中的状态 w，C 中存在唯一一条有向路径从 w 到达环。对于这个概念的说明可参见图 A.1。设 C_z 表示所有 z 环的集合。回忆一下，一个 w 树 T 是一个有向边的集合，满足从每一个顶点 $w' \neq w$ 出发，存在唯一一条从 w' 到 w 的有向边。我们观察到每一个 z 环 C 可以写成 $C = T \cup \{(w, z)\}$ 的形式，其中 T 是一个 w 树且 $w \neq z$。同样地，每一个 z 环 C 都可以写

成如下形式：$C = T \bigcup \{(z, w)\}$，其中 T 是一个 z 树，并且 $w \neq z$。下面我们将考察这些等价的表述方式。

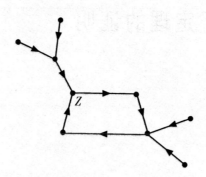

图 A.1　z 环的示意图

设 P 为 Z 上的一个不可约的马尔可夫过程，其中 $P_{zz'}$ 表示在一期内从 z 转移到 z' 的概率。对于有向边的任意子集 S，定义

$$P(S) = \prod_{(z, z') \in S} P_{zz'}$$

对于每一个 $z \in Z$，设

$$v(z) = \sum_{T \in \mathcal{T}_z} P(T)$$

注意 $v(z) > 0$，因为该过程是不可约的。根据上面所说的 z 环与 w 树之间的联系，我们有如下等式：

$$\sum_{C \in C_z} P(C) = \sum_{w : w \neq z} v(w) P_{wz} \tag{A.2}$$

$$\sum_{C \in C_z} P(C) = v(z) \left(\sum_{w : w \neq z} P_{zw} \right) \tag{A.3}$$

这意味着：

$$\sum_{w : w \neq z} v(w) P_{wz} = v(z) \left(\sum_{w : w \neq z} P_{zw} \right) \tag{A.4}$$

我们有等式：

$$v(z) \left(\sum_{w : w \neq z} P_{zw} \right) = v(z)(1 - P_{zz}) \tag{A.5}$$

综合(A.4)式和(A.5)式,我们推出:

$$\sum_{w \in Z} v(w) P_{wz} = v(z) \qquad (A.6)$$

换言之,v 满足对于 P 的稳定性方程。因此,它的标准化形式 μ 也满足,所以 μ 是 P 的稳态分布。这就结束了对于引理 3.1 的证明。

定理 3.1 设 P^ε 为一个正则受扰动的马尔可夫过程,并且对于每一个 $\varepsilon > 0$,设 μ^ε 为 P^ε 的唯一稳态分布。则 $\lim_{\varepsilon \to 0} \mu^\varepsilon = \mu^0$ 存在,并且 μ^0 是 P^0 的一个稳态分布。随机稳定状态恰恰就是那些包含在具有最小随机势能的 P^0 的常返类中的状态。

证明: 设 P^ε 为一个对于所有 $\varepsilon \in [0, \varepsilon^*]$ 有定义的正则受扰动的马尔可夫过程,并用 E_1,E_2,$\cdots$,E_k 表示 P^0 的常返类。构造一个图 Γ^0,它具有顶点 1,2,$\cdots$,K,其中第 j 个顶点就对应于类 E_j。给定两个顶点 $1 \leqslant i \neq j \leqslant K$,并设 r_{ij} 表示 Z 中起始于 E_i 而结束于 E_j 的最小阻力路径的阻力。请回忆,对于每一个 j,类 E_j 的 **随机势能** γ_j 定义为 Γ_0 中阻力最小的 j 树的阻力。为了证明这个定理,我们需要证明 $\lim_{\varepsilon \to 0} \mu^\varepsilon = \mu^0$ 存在,并且 $\mu^0(z) > 0$,当且仅当 $z \in E_j$,其中 j 最小化 γ_j。

我们先来用有根树来刻画随机稳定类(和状态),这些类的顶点集就是整个状态空间 Z。由于 P^ε 是一个正则扰动,所以对于每一对不同的状态 z 和 z' 都存在一个数 $r(z, z')$ 使得 $P^\varepsilon_{zz'}$ 以 $\varepsilon^{r(z, z')}$ 量级的速率向 $P^0_{zz'}$ 收敛[见(3.12)式]。我们按照惯例,假定如果 $P^\varepsilon_{zz'}$ 在区间 $[0, \varepsilon^*]$ 上恒为零的话则 $r(z, z') = \infty$。设 Γ^* 为完整的有向图,它的顶点集为 Z,并满足每一个有向边 (z, z') 具有权重 $r(z, z')$。设 $\mathscr{T}_z^*$ 代表 Z 上的所有 z 树的集合。定义函数 $\gamma: Z \to R$ 如下:

$$\gamma(z) = \min_{T^* \in \mathscr{T}_z^*} \sum_{(z', z'') \in T^*} r(z', z'') \qquad (A.7)$$

注意,由于 P^ε 对于每一个 $\varepsilon > 0$ 而言都是不可约的,所以存在一个正概率路径从每一个顶点 z' 指向顶点 z。因此至少存在一个 z 树 T^*,其阻力之和是有限的,从而 $\gamma(z)$ 是有限的。我们将要证明随机稳定状态最小化 $\gamma(z)$。然后我们将证明 γ 在每一个常返类 E_j 上都是常数,并且它的值为 γ_j —— 也就是前面定义的类 j 的随机势能。

引理 3.2 设 P^ε 为一个正则受扰动的马尔可夫过程,并且对于每一个 $\varepsilon \in [0, \varepsilon^*]$,设 μ^ε 为 P^ε 的唯一的稳态分布。则 $\lim_{\varepsilon \to 0} \mu^\varepsilon = \mu^0$ 存在,μ^0 是 P^0 的一个稳态分布,并且 $\mu^0(z) > 0$ 当且仅当 γ 在 z 处达到最小值。

证明: 对于每一个状态 $z \in Z$,设

$$v^\varepsilon(z) = \sum_{T^* \in \mathcal{T}_z} \prod_{(z', z'') \in T^*} P^\varepsilon_{z'z''}$$

根据引理 3.1,μ^ε 的稳态分布正是 v^ε 的标准化,并满足 $\sum \mu^\varepsilon(z) = 1$。设 $\bar{\gamma} = \min_z \gamma(z)$。 我们将证明 $\lim_{\varepsilon \to 0} \mu^\varepsilon(z) > 0$,当且仅当 $\gamma(z) = \bar{\gamma}$。对于每一个 z 树 $T^* \in \mathcal{T}_z^*$,T^* 的**阻力**为:

$$r(T^*) = \sum_{(z', z'') \in T^*} r(z', z'') \tag{A.8}$$

给定 $z \in Z$,根据 γ 的定义,存在一个 z 树 T^*,它的阻力等于 $\gamma(z)$。考虑等式

$$\varepsilon^{-\bar{\gamma}} \prod_{(z', z'') \in T^*} P^\varepsilon_{z'z''} = \varepsilon^{r(T^*) - \bar{\gamma}} \prod_{(z', z'') \in T^*} \varepsilon^{-r(z', z'')} P^\varepsilon_{z'z''} \tag{A.9}$$

由于 $\gamma(z)$ 是有限的,根据阻力函数 r 的定义,这就意味着:

$$0 < \lim_{\varepsilon \to 0^+} \varepsilon^{-r(z', z'')} P^\varepsilon_{z'z''} < \infty, \text{对于每一个} (z', z'') \in T^* \tag{A.10}$$

如果 z 不最小化 γ,则 $r(T^*) = \gamma(z) > \bar{\gamma}$,根据(A.9)式和(A.10)式,我们有

$$\lim_{\varepsilon \to 0^+} \varepsilon^{-\bar{\gamma}} \prod_{(z', z'') \in T^*} P^\varepsilon_{z'z''} = 0$$

根据假设,$r(T) \geqslant \gamma(z) > \bar{\gamma}$ 对于每一个 $T \in \mathcal{T}_z^*$ 都成立,因此,

$$\lim_{\varepsilon \to 0^+} \varepsilon^{-\bar{\gamma}} v^\varepsilon(z) = 0 \tag{A.11}$$

类似地,如果 $r(T^*) = \gamma(z) = \bar{\gamma}$ 的话,我们就有:

$$\lim_{\varepsilon \to 0^+} \varepsilon^{-\bar{\gamma}} v^\varepsilon(z) > 0 \qquad (A.12)$$

根据引理 3.1,我们知道:

$$\mu^\varepsilon(z) = \varepsilon^{-\bar{\gamma}} v^\varepsilon(z) \Big/ \sum_{z \in Z} \varepsilon^{-\bar{\gamma}} v^\varepsilon(z) \qquad (A.13)$$

从(A.11)式、(A.12)式和(A.13)式中我们得到:

$$\lim_{\varepsilon \to 0^+} \mu^\varepsilon(z) = 0, \text{如果 } \gamma(z) > \bar{\gamma}$$
$$\lim_{\varepsilon \to 0^+} \mu^\varepsilon(z) > 0, \text{如果 } \gamma(z) = \bar{\gamma}$$

特别地,我们已经证明了 $\lim_{\varepsilon \to 0^+} \mu^\varepsilon = \mu^0$ 是存在的,而且它的支撑恰好就是最小化 $\gamma(z)$ 的状态 z 的集合。由于 μ^ε 满足方程 $\mu^\varepsilon P^\varepsilon = \mu^\varepsilon$,对于每一个 $\varepsilon > 0$ 都成立,并且根据假定 $P^\varepsilon \to P^0$,我们可以推出 $\mu^0 P^0 = \mu^0$。换言之,μ^0 是 P^0 的稳态分布。这就完成了对引理 3.2 的证明。

由于 μ^0 是 P^0 的一个稳态分布,所以对于每一个瞬过的状态 z 都有 $\mu^0(z) = 0$。因此为了找到随机稳定状态,只要计算常返态上的函数 γ 就足够了。我们说事实上 γ 在 P^0 每一个常返类 P^0 上都是**常数**。为了看出这一点,假设 z 处于常返类 E_j 之中,并且设 T^* 为 Z 上的一个 z 树,其阻力为 $\gamma(z)$。设 y 是 E_j 中的其他某一个顶点。选择一条从 z 到 y 的零阻力路径。这条路经的边线,连同 T^* 的边线,包含一个 y 树 T',它与 T^* 具有相同的阻力。以此推出 $\gamma(y) \leqslant r(z)$。对称的论述就可以证明 $\gamma(y) \geqslant r(z)$。因此,γ 在 E_j 上是常数。

为了证明这个定理,剩下来只需要证明 E_j 上的 γ 的值恰好就是相对于图形 Γ^0 所定义的随机势能 γ_j。

引理 3.3 对于 P^0 的每一个常返类 E_j,$\gamma(z) = \gamma_j$,对于所有的 $z \in E_j$。

证明: 在每一个常返类 E_j 中固定一个特定的状态 z_j。我们将首先证明 $\gamma(z_j) \leqslant \gamma_j$,然后再证明反过来的不等式也是成立的。

固定一个类 E_j 和 Γ^0 中的一个 j 树,它的阻力 $r(T_j) = \gamma_j$。对于每一个 $i \neq j$,恰好存在一个出去的边线 $(i, i') \in T_j$,并且它的权重为 $r_{ii'}$。回忆一下,Γ^* 是顶点集为 Z 的完整的有向图,每条边线 (z, z') 上的阻力就是 $r(z, z')$。在 Γ^* 中选择一条有向路径起始于 z_i,终止于 $z_{i'}$,并且具有总阻力 $r_{ii'}$。称这条路径为 $\zeta_{ii'}^*$。根据构造,$\zeta_{ii'}^*$ 是从 E_i 到 $E_{i'}$ 的最小阻力路径。对于每一个 $i \neq j$,在 Γ^* 中选择一个有向边集合 T_i^*,这些边线组成一个 z_i 树,以对应顶点子集 E_i(因此,T_i^* 包含 $|E_i| - 1$ 条边线)。因为 E_i 是 P^0 的一个常返类,所以 T_i^* 的阻力等于零。最后,对于每一个瞬过的状态 $z \notin \cup E_i$,设 ζ_z 为从 z 到 $\cup E_i$ 的具有零阻力的有向路径。

设 E 为所有树 $T_i^*(i \neq j)$ 的边线和所有满足 $(i, i') \in T_j$ 的有向路径 $\zeta_{ii'}^*$ 中的边线,连同所有有向边 $\zeta_z(z \notin \cup E_i)$ 的并集。根据构造,E 至少包含一条从 Z 的每一个顶点到一个固定的顶点 z_j 的有向路径。因此它包含一个由边线组成的子集,这些边线组成 Γ^* 中的一个 z_j 树 T^*。T^* 的阻力显然要小于或者等于路径 $\zeta_{ii'}^*$ 的阻力之和,所以就小于或者等于 $r(T_j)$。因此 $\gamma(z_j) \leqslant \gamma_j = r(T_j)$。

为了证明 $\gamma(z_j) \geqslant \gamma_j$,固定一个类 E_i 以及在图 Γ^* 中的所有的 z_j 树中阻力最小的 z_j 树 T_j^*。将这些特别选出来的顶点 z_i 标记为它所属的类 E_i 的"i"。这些称为**特别顶点**。在 T_j^* 中的一个**联结点**(junction)是指在 T_j^* 中任何具有至少两条进来的边线的顶点 y。当联结点 y 不是一个特别顶点时,如果存在一条零阻力的路径从 y 走到 E_i 的话,也将其标为"i"。(至少存在一个这样的类,因为 P^0 具有常返类,如果有若干个这样的类,选择其中的任何一个作为标记。)每一个被标记的顶点是一个特顶点或一个联结点(或兼是),并且标记标识出一个常返类,从其中的这样的一个点出发存在一条零阻力路径。(因为一个特别顶点已经存在于一个常返类中,从而具有零阻力的路径是不证自明的。)

定义一个状态 $z \in Z$ 的**特别前任**(special predecessors)为在固定的树 T_j^* 中严格前于 z 的特别顶点 z_i(也就是说在 T_j^* 中存在一条从 z_i 至 z 的路径),从而从 z_i 至 z 的路径上不存在其他特别顶点。我们称:

如果 z_i 是被标记的顶点 z 的特别前任的话,则在树中从 z_i 至 z 的唯一路径具有至少 r_{ik} 的阻力,其中 k 是 z 的标记。　　　(A.14)

性质(A.14)对于树 T_j^* 显然成立,因为任何从特别顶点 z_i 到标为 "k" 的顶点的路径都可以用一条到类 E_k 的零阻力路径加以扩展延伸,所以总的路径必然至少具有阻力 r_{ik}。现在我们要对树 T_j^* 进行一些手术,并保留性质(A.14),将它化为一种可以映射到 Γ^0 中的一个 j 树之上的形式。我们将通过连续地消除所有非特别顶点的联结点来完成这种手术。

假设 T_j^* 包含一个不是特别顶点的联结点 y,并且设它的标记为 "k"。我们区分两种情况,取决于特别顶点 z_k 是否是树中 y 的一个前任。

情形 1。 如果 z_k 是 y 的一个前任(见图 A.2 和 A.3),则砍断所有包含前于 y 的边线和顶点的子树(**除了**从 z_k 到 y 以及到所有它的后继者的路径之外),并将这些粘贴到 z_k 上去。

情形 2。 如果 z_k 不是树中 y 的一个前任(见图 A.4 和 A.5),则砍断所有包含前于 y 的边线和顶点的子树,并将这些粘贴到顶点 z_k 的树上去。

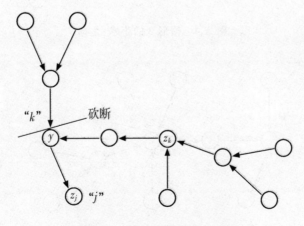

图 A.2　情形 1 的手术:之前

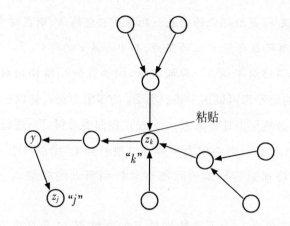

图 A.3　情形 1 的手术：之后

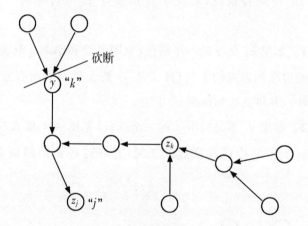

图 A.4　情形 2 的手术：之前

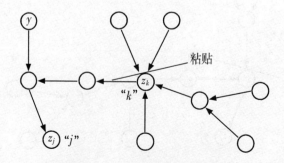

图 A.5　情形 2 的手术：之后

经过这些手术之后,去掉 y 的标记,因为它不再是一个联结点。上面的两个手术都保留了性质(A.14),因为 z_k 和 y 具有相同的标记。每一次手术就可以去掉一个非特别顶点的联结点。因此我们最终获得一个 z_j 树 T_j^{**},其中每一个联结点都是特别顶点,性质(A.14)是满足的,并且 T_j^{**} 与原树 T_j^* 具有相同的阻力。

现在我们构造一个在化简后的图 Γ^0 上的一个 j 树 T^0 如下。对于每两个类 i 和 i',将有向边 (i, i') 放入 T^0 之中,当且仅当 $z_{i'}$ 在 T_j^{**} 之中是 z_i 的一个特别前任。根据构造,T^0 构成一个 j 树。设 $\zeta_{ii'}^{**}$ 为 T_j^{**} 中从 z_i 到 $z_{i'}$ 的唯一路径。根据性质(A.14)它的阻力至少为 $r_{ii'}$。路径 $\zeta_{ii'}^{**}$ 是边线分离的,因为每一个联结点都是一个特别顶点。由于 T_j^{**} 包含它们的并集,所以 T_j^{**} 的阻力至少与 T^0 的阻力一样大,亦即,

$$\gamma(z_j) = r(T_j^{**}) \geqslant \sum_{(i, i') \in T^0} r_{ii'} = r(T^0)$$

显然,$r(T^0) \geqslant \gamma_j$,因为后者是 Γ^0 中阻力最小的 j 树的阻力。因此就得到我们所说的 $\gamma(z_j) \geqslant \gamma_j$。 这就完成了对于引理 3.3 的证明,连同引理 3.2 就可以证明定理 3.1。

定理 6.2 设 G 为一个对称的两人协调博弈,得益矩阵为:

	A	B
A	a, a	c, d
B	d, c	b, b

假定均衡 (A, A) 是严格风险占优的,亦即 $a - d > b - c > 0$。设 $r^* = (b-c)/(a-d)+(b-c) < 1/2$,并且设 ζ 为一个图形类,对于某个固定的 $r > r^*$ 以及某个固定的 $k \geqslant 1$,这些图形都是 (r, k) 紧密联结的。给定任意的 $p \in (0, 1)$,存在一个 β_p,使得对于每一个固定的 $\beta \geqslant \beta_p$,过程 $\overline{P}^{\Gamma, \beta}$ 的 p 惰性对于所有的 $\Gamma \in \zeta$ 而言都是上有界的,特别地,它是有界

的，独立于 Γ 中的顶点数目。

证明：设 ζ 如定理中所假设的那样，并设 Γ 为 ζ 中的一个图形，顶点集为 V，边线集为 E。选择一个大小为 k 的 r 紧密连接集合 S。考虑离散时间过程，其中 S 中的每一个博弈方都根据（6.3）式中的概率分布以响应率 $\beta > 0$ 进行更新，而每一个 $\bar{S} = V - S$ 中的博弈方则总是选择行动 B 并且不进行更新。这种**受限制的过程** $P^{\Gamma, S, \beta}$ 的状态将表示为 $\mathbf{y}$，而**不受限制的过程** $P^{\Gamma, \beta}$ 的状态表示为 $\mathbf{x}$。设 Ξ_s 代表未受到限制的状态集合，Ξ 则为所有状态的集合。

对于每两个非空的顶点子集 $S', S'' \subseteq V$，设 $E(S', S'')$ 为所有无向边 $\{i, j\}$ 的集合，它满足 $i \in S'$ 和 $j \in S''$。设 $e(S', S'')$ 为这些边线的**数目**。2×2 的博弈具有如下的势能函数 ρ：

$$\rho(A, A) = a - d \quad \rho(A, B) = 0$$
$$\rho(B, A) = 0 \quad \rho(B, B) = b - c$$

空间博弈所对应的势能函数为：

$$\rho^*(x) = \sum_{\{i, j\} \in E} \rho(x_i, x_j)$$

（回忆一下，我们假定所有的边线都具有单位权重。）很容易证明（用类似于第 6 章第 1 部分中的方法），$P^{\Gamma, S, \beta}$ 的稳态分布 $\mu^{\Gamma, S, \beta}(\mathbf{y})$ 满足 $\mu^{\Gamma, S, \beta}(\mathbf{y}) \propto e^{\beta \rho^*(y)}$，对于所有的 $y \in \Xi_s$。

设 $\mathbf{A}_s$ 代表 Ξ_s 中的状态，满足 S 中的每一个人都选择行动 A，而 $\bar{S}$ 中的每一个人都选择行动 B。我们说在所有受限制的策略 $\mathbf{y}$ 中，$\mathbf{A}_s$ 唯一最大化了 $\rho^*(\mathbf{y})$。为了看出这一点，考察任何受限制的状态 $\mathbf{y}$ 并设 $S' = \{i \in S : y_i = B\}$。将 ρ 的值代入以后，我们得到：

$$\rho^*(\mathbf{y}) = (a - b)e(S - S', S - S') + (b - c)[e(S', S') + e(S', \bar{S}) + e(\bar{S}, \bar{S})]$$

并且

$$\rho^*(\mathbf{A}_s) = (a - b)e(S, S) + (b - c)e(\bar{S}, \bar{S})$$

这意味着：

$$\rho^*(\mathbf{A}_S) - \rho^*(\mathbf{y}) = (a-d)e(S'-S)$$
$$-(b-c)[e(S',S')+e(S',\bar{S})]$$
$$= (a-d)e(S',S)-(b-c)[e(S',S')$$
$$+e(S',V)-e(S',S)]$$

因此，$\rho^*(\mathbf{A}_S) - \rho^*(\mathbf{y}) > 0$，当且仅当

$$[(a-d)+(b-c)e(S',S) > (b-c)[e(S',V)+e(S',S')]$$

后者是成立的，因为根据假定我们有：

$$e(S',S)/[e(S',V)+e(S',S')] > r^*$$
$$= (b-c)/[(a-d)-(b-c)]$$

（注意 $e(S',V)+e(S',S') > 0$，因为没有孤立的顶点。）因此就有我们所说的 $\mathbf{y} = \mathbf{A}_S$ 唯一地最大化了 $\rho^*(\mathbf{y})$。这也意味着 $\mu^{\Gamma,S,\beta}$ 在状态 $\mathbf{A}_S$ 上置以任意高的概率，只要 β 充分大。

现在固定 $P \in (0,1)$。根据前面的论述这意味着存在一个有限的值 $\beta(\Gamma,S,p)$，使得 $\mu^{\Gamma,S,\beta}(\mathbf{A}_S) \geqslant 1-p^2/2$ 对于所有的 $\beta > \beta(\Gamma,S,p)$ 成立。固定一个这样的值 β。考虑连续时间过程 $\bar{P}^{\Gamma,S,\beta}$，其中 S 中的当事人根据独立的单位期望的泊松过程进行更新。从初始状态 $\mathbf{y}^0$ 出发，设随机变量 $\mathbf{y}^\tau$ 表示在时刻 τ 是过程所处的状态。随着 τ 趋于无穷大，对应的到时刻 τ 为止的有限过程 $P^{\Gamma,S,\beta}$ 的转移的数目也几乎必然趋向于无穷大。由于 $P^{\Gamma,S,\beta}$ 是不可约的和非周期性的，所以[见(3.10)式]就有 $\lim_{\tau \to \infty} \Pr[\mathbf{y}^\tau = \mathbf{A}_S] = \mu^{\Gamma,S,\beta}(\mathbf{A}_S)$。由于初始状态的数目是有限的，所以存在一个有限的时间 $\tau(\Gamma,S,p,\beta)$，使得从任何初始状态 $\mathbf{y}^0$ 出发，都有：

$$\forall \beta \geqslant \beta(\Gamma,S,p), \ \forall \tau \geqslant \tau(\Gamma,S,p,\beta), \ \Pr[\mathbf{y}^\tau = \mathbf{A}_S] \geqslant 1-p^2$$

现在观察到连续时间过程 $\bar{P}^{\Gamma,S,\beta}$ 和嵌在其中的有限过程 $P^{\Gamma,S,\beta}$ 都依赖于 Γ 和 S，这种依赖仅仅是通过连接 S 的内部各顶点之间的内部边线

的排列以及连接 S 的顶点与 S 之外的顶点之间的外部边线的排列发生作用的。由于 S 的大小为 k,所以就有有限条内部边线和有限种排列的方式。由于 S 的大小为 k,所以就有有限条外部边线和有限种方式可以对它们和 S 之外的顶点进行排列。因此对于给定的 r 和 k,存在有限种不同的过程 $\overline{P}^{r,S,\beta}$ 直至它的同构形式。特别地,我们可以找到 $\beta(r,k,p)$ 和 $\tau(r,k,p,\beta)$,使得在 ζ 中的所有图 Γ 和所有 r 紧密联结的具有 k 个顶点的子集 S 中,下式恒成立而与初始状态无关:

$$\forall \beta \geqslant \beta(r,k,p), \ \forall \tau \geqslant \tau(r,k,p,\beta), \ \Pr[\mathbf{y}^\tau = \mathbf{A}_S] \geqslant 1 - p^2$$

(A.15)

对于接下来的讨论,我们将如同在定理中的那样固定 r,k 和 p。同时还固定 $\beta^* \geqslant \beta(r,k,p)$ 和 $\tau^* = \tau(r,k,p,\beta^*)$。

设 Γ 为 ζ 中具有 m 个顶点的图,并且设 S 为大小为 k 的 Γ 中的一个 r 紧密联结的子集。对于这个未受到限制的过程我们用 $\overline{P}^{r,\beta'}$ 来表示,对于受到限制的过程则用 $\overline{P}^{r,S,\beta'}$ 来表示。我们可以用如下方式对它们进行配对(对于配对过程的一般性的结论可以参见文献 Liggett(1985))。创建图 Γ 的两个互不相交的同构复制图,比方说 Γ_1 和 Γ_2,其中 Γ_1 中的第 i 个顶点对应于 Γ_2 中的第 i 个顶点。我们将定义一个在 Γ_1 上模仿 $\overline{P}^{r,\beta'}$,在 Γ_2 上模仿 $\overline{P}^{r,S,\beta'}$ 的单个连续时间过程。对于未受到限制的过程 $\overline{P}^{r,\beta'}$ 的每一个状态 $\mathbf{x}$,设 $q_i(A|\mathbf{x})$ 表示当 i 进行更新时 i 选择 A 的概率,给定当前状态是 $\mathbf{x}$。类似地,对于每一个受到限制的过程 $\overline{P}^{r,S,\beta'}$ 的每一个状态 $\mathbf{y}$,设 $q_i'(A|\mathbf{y})$ 表示当 i 进行更新时 i 选择 A 的概率,给定当前状态是 $\mathbf{y}$。注意 $q_i'(A|\mathbf{y}) = 0$,对于所有的 $i \in \overline{S}$。

配对后的过程进行如下。在时刻 τ 的**状态**是 $(\mathbf{x}^\tau, \mathbf{y}^\tau)$,其中 x_i^τ 为在 Γ_1 中的第 i 个顶点的选择(A 或者 B), y_i^τ 为在 Γ_2 中的第 i 个顶点的选择(A 或者 B)。在这两个图中的每一对配对后的顶点服从一个具有单位期望值的泊松过程,这些过程在这 m 个配对中是互相独立的。因此,只要 Γ_1 中的第 i 个当事人进行更新, Γ_2 中的第 i 个当事人就进行更新,

反之亦然。设 U 为在区间 $[0, 1]$ 上服从标准分布的一个随机变量。假设第 i 对个人在时刻 τ 进行更新。随机地取一个 U 的值,用 u 来表示。当 $u \leqslant q_i(A|\mathbf{x}^\tau)$ 时,Γ_1 中的第 i 个当事人选择 A,当 $u > q_i(A|\mathbf{x}^\tau)$ 时则选择 B。类似地,当 $u \leqslant q_i'(A|\mathbf{y}^\tau)$ 时,Γ_2 中的第 i 个人选择 A,当 $u > q_i'(A|\mathbf{y}^\tau)$ 时则选择 B。

对于 Γ_1 和 Γ_2 上的每两个状态,如果对于所有的 i 有 $y_i = A$ 意味着 $x_i = A$,则记为 $\mathbf{x} \geqslant_A \mathbf{y}$。换言之,如果 A 出现在 $\mathbf{Y}$ 的第 i 个顶点,则 A 就出现在 $\mathbf{x}$ 的第 i 个顶点。显然 $\mathbf{x} \geqslant_A \mathbf{y}$ 意味着对于所有的 i 有 $q_i(A|\mathbf{x}) \geqslant q_i'(A|\mathbf{y})$。因此,如果 $\mathbf{x} \geqslant_A \mathbf{y}$ 并且 i 在受到限制的过程中选择了 A,则 i 在未受到限制的过程中也选择了 A。这就意味着如果在某个时刻 τ 有 $\mathbf{x}^\tau \geqslant_A \mathbf{y}^\tau$,则在所有后继的时间 $\tau' \geqslant \tau$ 里,我们有 $\mathbf{x}^{\tau'} \geqslant_A \mathbf{y}^{\tau'}$。

现在设配对的过程从初始状态 Γ_1 中的 $\mathbf{x}^0$ 和 Γ_2 中的 $\mathbf{y}^0$ 开始,其中对于所有的 $i \in S$ 都有 $x_i^0 = y_i^0$,对于所有的 $i \in \bar{S}$ 都有 $y_i^0 = B$。显然我们起初有 $\mathbf{x}^0 \geqslant_A \mathbf{y}^0$,因此对于所有的 $\tau \geqslant 0$ 有 $\mathbf{x}^\tau \geqslant_A \mathbf{y}^\tau$。从 (A.15) 式和 τ^* 的选择中我们知道:

$$\forall \tau \geqslant \tau^*, \ \Pr[\mathbf{y}^\tau = \mathbf{A}_S] \geqslant 1 - p^2$$

因此

$$\forall \tau \geqslant \tau^*, \ \Pr[\mathbf{x}^\tau = \mathbf{A}_S] \geqslant 1 - p^2$$

这对于 Γ 中的每一个 r 紧密联结的集合 S 都是成立的。由于每一个顶点 i 根据假设都包含于这样的一个集合中,这就意味着:

$$\forall \tau \geqslant \tau^*, \ \Pr[\mathbf{x}_i^\tau = \mathbf{A}] \geqslant 1 - p^2$$

设 α^τ 为在时刻 τ 时 Γ^1 中选择行动 A 的人的**比例**,这意味着:

$$\forall \tau \geqslant \tau^*, \ E[\alpha^\tau] \geqslant 1 - p^2 \tag{A.16}$$

我们说这就意味着:

$$\forall \tau \geqslant \tau^*, \ \Pr[\alpha^\tau = 1 - p] \geqslant 1 - p \tag{A.17}$$

假如这是不正确的,则概率就会大于 p,就是说在时刻 τ 将会有超过 p 比

例的人选择 B。但是这就意味着 $E[\alpha^\tau] < 1-p^2$，从而与（A.16）式矛盾。因此（A.17）式是成立的。这就表明了在 $\overline{P}^{\Gamma, \beta'}$ 中直到至少有 $1-p$ 的人选择行动 A 的期望等待时间是有上界的，为 $\tau^* / (1-p)$。而且，一旦达到这样的状态，过程在以后的时间里总是处于该状态的概率至少为 $1-p$。由于在 ζ 族的所有图 Γ 中时刻 τ^* 总是成立的，所以过程 $\{\overline{P}^{\Gamma, \beta'}\}_{\Gamma \in \zeta}$ 的族的 p 惰性就是有界的，正如我们所说的那样。这就完成了对定理 6.2 的证明。

我们指出，定理中的关于**严格**风险占优的假定是很重要的。假设，相反地，G 是一个 2×2 的协调博弈，其中两个均衡都是弱风险占优的，亦即 $r^* = 1/2$。给定任何图 Γ 和顶点子集 S，S 中的内部边线的数量除以 S 的成员的度数之和至多有 $1/2$。因此，定理的条件没有得到满足，因为对于任何的 k 都不存在 (r, k) 紧密连结的图形能够满足 $r > r^*$。然而，假设我们所考虑的图形恰好对于某个 k 是 $(1/2, k)$ 紧密连结的。比如说，设 ζ 为包含一些互不相交的完整的子图形（称之为**小集团**）的图形族，每一个子图形的大小为 $k \geqslant 2$。这些图形显然是 $(1/2, k)$ 紧密连结的，但是定理对于这种情况却并不成立。事实上，在任何时候都可能有一半的小集团选择 A 而另一半则选择行动 B；而且，直等到比方说有 99% 的人选择行动 A 的等待时间将随着小集团的数目趋于无穷大而变得任意大。

定理 7.1　设 G 为一个弱非周期性的 n 人博弈，并设 $P^{m, s, \varepsilon}$ 为适应性博弈。如果 s/m 充分小，则未受扰动的过程 $P^{m, s, 0}$ 无论从哪个初始状态出发都以概率 1 收敛于一个惯例。如果进一步假设 ε 充分小，则受扰动的过程将在最小化随机势能的惯例上置以任意高的概率。

证明：根据定理 3.1，只要证明当 s/m 充分小的时候，$P^{m, s, 0}$ 的常返类与惯例一一对应就足够了。考虑任意的初始状态 h^0。存在一个正概率使得第一期的所有 n 个当事人是从 h^0 的最近的 s 个进入项中抽样的。也存在一个正概率使得在接下来的 s 期里，进行博弈的各方总是抽取固定不变的样本(这就假定 $s/m \leqslant 1/2$)。由于 $\varepsilon = 0$,当事人总是选择对他们的样本的最优反应。由于所有的最优反应都具有正的概率,所以就有一个正的概率使得在这些 s 期中采取**相同的**策略向量 x^*。换言之,在 s 期之后,过程将以正概率到达某一个状态,在该状态的最后 s 个进入项都是等于 x^*。称这个状态为 h^1。

由于 G 是弱非周期性的,所以存在一条最优反应路径 $x^* = x^0$, x^1, $\cdots$, x^k 结束于某一个严格的纳什均衡 $x^k = x^{**}$。如果 s/m 充分小的话,就有一个正概率使得从历史 h^1 开始,在接下来的 s 期中 x^1 将被选择。这样的话就有一个正概率使得在接下来的 s 期中 x^2 将被选择,如此等等。以这种方式继续下去,我们最终就可以得到一段历史 h^k,其中最后的 s 项都只包含重复的 $x^k = x^{**}$。(所有这些论断都是假定 $s/m \leqslant 1/(k+1)$。)从 h^k 开始存在一个正概率使得在 $m - s$ 期中过程达到一个由 m 次重复 x^{**} 所组成的状态 h^{**}。由于 x^{**} 是一个严格的纳什均衡,所以 h^{**} 就是一个惯例,也就是说,它是 $P^{m, s, 0}$ 的一个吸收状态。因此我们证明了存在一个正概率能够在有限期内达到一个惯例而与初始状态无关。这就意味着对于任何 s,未受扰动的过程都以概率 1 收敛于一个惯例,只要 s/m 充分小。这就证明了常返类恰好就是惯例,从而可以直接从定理 3.1 中推出定理 7.1。

定理 7.2 设 G 为在有限策略空间 X 上的一般性的 n 人博弈,并设 $P^{m, s, \varepsilon}$ 为适应性博弈。如果 s/m 充分小且 s 充分大,则未受扰动的过程 $P^{m, s, 0}$ 以概率 1 收敛于一个最小的限制排列(curb configuration)。如果进一步假设 ε 充分小,则受扰动的过程将在最小化随机势能的最小限制排列上置以任意高的概率。

证明:事实上,我们将通过正规的表达"博弈是一般性的"这个意思来证明一个比该结果还要稍微强一些的命题。给定有限策略空间 $X = \prod X_i$ 上的 n 人博弈 G,设 $B_i^{-1}(x_i)$ 表示所有的概率混合 $P_{-i} \in \Delta_{-i} =$

$\prod_{j\neq i}\Delta(X_j)$ 的集合，满足 x_i 是对于 p_{-i} 的最优决策。我们说 G **在最优决策中是非退化的**（nondegenerate in best replies，简称 NDBR），如果对于每一个 i 和每一个 $x_i\in X_i$，要么 $B_i^{-1}(x_i)$ 是空集，要么它包含一个非空子集，该子集在 Δ_{-i} 的相对拓扑中是开的。NDBR 博弈的集合在空间 $R^{n|x}$ 中是开的和稠密的，所以 NDBR 是一个一般性的性质。

给定一个正整数 s，我们说概率分布 $p_i\in\Delta_i$ 具有**精确度** s，如果 $sp_i(x_i)$ 对于所有的 $x_i\in X_i$ 而言都是整数。我们将用 Δ_i^s 表示所有这样的分布的集合。对于 X_i 的每一个子集 Y_i 而言，设 $\Delta^s(Y_i)$ 代表满足以下条件的分布 $p_i\in\Delta_i^s$ 的集合：其中 $p_i(x_i)>0$ 意味着 $x_i\in Y_i$。对于每一个正整数 s，设 $BR_i^s(X_{-i})$ 表示 i 对于某乘积分布 $p_{-i}\in\Delta_{-i}^s(X_{-i})=\prod_{j\neq i}\Delta_j^s(X_j)$ 的纯策略最优决策的集合。类似地，$BR_i^s(Y_{-i})$ 表示 i 对于某乘积分布 $p_{-i}\in\Delta_{-i}^s(Y_{-i})$ 的所有最优决策的集合。

对于每一个积集 Y 和每一个博弈方 i，定义映射 $\beta_i(Y)=Y_i\cup BR_i(Y_{-i})$，并设 $\beta(Y)=\prod\beta_i(Y)$。类似地，对于每一个整数 $s\geq1$，设：

$$\beta_i^s(Y)=Y_i\cup BR_i^s(Y_{-i}) \text{ 且 } \beta^s(Y)=\prod\beta_i^s(Y)$$

显然，对于每一个积集 Y 都有 $\beta^s(Y)\subseteq\beta(Y)$。我们说如果 G 是 NDBR，则对于所有充分大的 s 都有 $\beta^s(Y)=\beta(Y)$。为了证明这个说法，假设 $x_i\in\beta_i(Y)$。如果 $x_i\in Y_i$，则显然有 $x_i\in\beta_i^s(Y)$。如果 $x_i\in\beta_i(Y)-Y_i$，则 $B_i^{-1}(x_i)\neq\varnothing$，所以根据假说，$x_i$ 对于分布集 $p_{-i}=\prod_{j\neq i}p_j$ 是一个最优决策，该集合包含 Δ_{-i} 的一个非空开子集。因此，存在一个整数 $s_i(x_i,Y_{-i})$ 使得对于所有的 $s\geq s_i(x_i,Y_{-i})$ 而言 x_i 是对于某个分布 $p_{-i}^s=\prod_{j\neq i}p_j^s\in\Delta_{-i}^s(Y_{-i})$ 的最优决策。由于有 n 个策略集，并且所有这些策略集都是有限的，所以这就意味着存在一个整数 $s(Y)$，使得对于所有的 $s\geq s(Y)$ 都有 $\beta^s(Y)=\beta(Y)$。由于积集 Y 的数量是有限的，这就意味着存在一个整数 s^* 使得 $\beta^s(Y)=\beta(Y)$ 对于所有的 $s\geq s^*$ 和所有的积集 Y 都成立，就像前面所说的那样。

现在考虑过程 $P^{m,s,0}$。我们将证明如果 s 充分大并且 s/m 足够小，则常返类的扩张将与 G 的最小限制集一一对应。我们先选择一个足够大的 s 使得 $\beta^s \equiv \beta$。然后我们再选择 m 使得 $m \geqslant s|X|$。

固定 $P^{m,s,0}$ 的一个常返类 E_k，并且选择任何 $h^0 \in E_k$ 作为初始状态。我们将证明 E_k 的扩张 $S(E_k)$ 是一个最小限制集。正如前面对定理 7.1 的证明中那样，存在一个正概率达到状态 h^1，在这个状态下最近期的进入项包含对某固定的 $x^* \in X$ 的一个重复。注意 $h^1 \in E_k$，因为 E_k 是一个常返类。设 $\beta^{(j)}$ 表示对 β 的 j 次重复，并且考虑镶嵌的序列：

$$\{x^*\} \subseteq \beta(\{x^*\}) \subseteq \beta^{(2)}(\{x^*\}) \subseteq \cdots \subseteq \beta^{(j)}(\{x^*\}) \subseteq \cdots$$
$$\text{(A.18)}$$

由于 X 是有限的，所以存在某一点，从该点开始序列变成常量，比如说，$\beta^{(j)}(\{x^*\}) = \beta^{(j+1)}(\{x^*\}) = Y^*$。根据构造，$Y^*$ 是一个限制集。

假定以上序列并非不证自明的，亦即 $\beta(\{x^*\}) \neq \{x^*\}$。（如果 $\beta(x^*) = \{x^*\}$，则以下论述是不必要的。）存在一个正概率，使得从历史 h^1 之后开始，在接下来的 s 期中某一个 $x^1 \in \beta(\{x^*\}) - \{x^*\}$ 将被选择。称得到的历史为 h^2。然后再有一个正概率使得在接下来的 s 期中 $x^2 \in \beta(\{x^*\}) - \{x^*, x^1\}$ 将被选择，如此等等。按照这种方式进行下去，我们最终将获得一个历史 h^k，使得 $\beta(\{x^*\})$ 的所有成员，包括初始点 x^* 在内，都至少出现 s 次。我们所需要作的假定只是 m 足够大使得对于 x^* 的最初 s 次重复没有被忘记。如果有 $m \geqslant s|X|$，这一点就显然得到满足。继续这种论述，我们看到存在一个正概率使得最后能够获得一个历史 h^*，满足 $Y^* = \beta^{(j)}(\{x^*\})$ 的所有成员在最后的 $s|Y^*|$ 期中出现了至少 s 次。特别地，$S(h^*)$ 包含 Y^*，而后者根据构造是一个限制集。

我们说 Y^* 实际上是一个**最小限制集**。为了证明这一点，设 Z^* 为包含在 Y^* 中的一个最小限制集，并选择 $z^* \in Z^*$。以已经建立的历史 h^* 为开始，存在一个正概率使得在接下来的 s 期中 z^* 将被选择。此后，存在一个正概率使得只有 $\beta(\{z^*\})$ 的成员才将被选中，或者是 $\beta^{(2)}(\{z^*\})$，或者

是 $\beta^{(3)}(\{z^*\})$，如此等等。这是会发生的，如果当事人总是从紧跟着 h^* 后面的历史的"新的"部分中抽取样本的话，而当事人也的确会以正概率这么做。

序列 $\beta^{(k)}(\{z^*\})$ 最终变成常数，值为 Z^*，因为 Z^* 是一个最小限制集。况且，在 x^* 的 s 次重复之前的历史部分将会在 m 期内被忘记。因此有一个正概率可以获得一个历史 h^{**}，使得 $S(h^{**}) \subseteq Z^*$。从这样一段历史出发，过程 $P^{m,s,0}$ 永远都不会产生一个成员都不在 Z^* 中的历史，因为 Z^* 是一个限制集。

由于产生 h^{**} 的事件链是从 E_k 中的一个状态开始的，而 E_k 是一个常返类，所以 h^{**} 也在 E_k 之中。进一步地，E_k 中的每一个状态都可以从 h^{**} 达到。这意味着 $Y^* \subseteq S(E_k) \subseteq Z^*$，由此我们得出结论，即所说的 $Y^* = S(E_k) = Z^*$。

反过来，我们必须证明如果 Y^* 是一个最小限制集，则对于 $P^{m,s,0}$ 的某个常返类 E_k 有 $Y^* = S(E_k)$。选择只包含 Y^* 中的策略的初始历史 h^0。从 h^0 出发，过程 $P^{m,s,0}$ 产生的历史不包含位于 $S(h^0)$，$\beta(S(h^0))$，$\beta^{(2)}(S(h^0))$ 等等之外的策略。由于 Y^* 是一个限制集，所以所有这些策略必然在 Y^* 中发生。过程以概率 1 进入一个常返类，比方说是 E_k。这意味着 $S(E_k) \subseteq Y^*$。既然 Y^* 是一个最小限制集，则我们前面的论述已经证明 $Y^* = S(E_k)$。这就证明了在最小限制集和过程 $P^{m,s,0}$ 的常返类之间存在一一对应。至此定理 7.2 可立即由定理 3.1 推出。

评论：如果 G 在最优反应中是退化的，则定理就是不成立的。考虑下面这个例子：

	A	B	C	D
a	$0, 1$	$0, 0$	$\sqrt{2}, 0$	$0, 0$
b	$2/(1+\sqrt{2}), 0$	$-1, 1/2$	$2/(1+\sqrt{2}), 0$	$0, 0$
c	$2, 0$	$0, 0$	$0, 1$	$0, 0$
d	$0, 0$	$1, 0$	$0, 0$	$2, 2$

在这个博弈中，c 是对于 A 的最优反应，A 是对于 a 的最优反应，而 a 是对于 C 的最优反应。C 是对于 c 的最优反应。因此任何限制集，只要涉及 $\{A, C, a, c\}$ 中的一个或者更多，那么就必须包括所有的这些策略。因此就必然包含 b，因为 b 对于以下这个概率混合来说是一个最优的反应：以概率 $1/(1+\sqrt{2})$ 选 A 并且以概率 $\sqrt{2}/(1+\sqrt{2})$ 选 C。这样的话也就必然要包含 B，因为 B 是对于 b 的一个最优反应。然而，d 是对于 B 的唯一的最优反应，而 D 是对于 d 的唯一的最优反应。从这里我们可以看出每一个限制集都包含 (d, D)。由于后者是一个最小的限制集（一个严格的纳什均衡），所以我们就得出结论 $\{(d, D)\}$ 是唯一的最小的限制集。尽管如此，在适应性学习中 $\{(d, D)\}$ 并非对应于唯一的一个常返类。

为了看出为什么会这样，考虑在列博弈方的策略之上的任意概率分布 (q_A, q_B, q_C, q_D)。可以验证对于行博弈方来说选择策略 b 是一个最优反应，当且仅当 $q_B = 0$，$q_C = (\sqrt{2})q_A$，$q_D = 1-(1+\sqrt{2})q_A$，并且 $q_A \geq 1/(2+\sqrt{2})$，在这种情况下 a 和 c 也都是最优反应。同时，q_A 和 q_C 中至少有一个是无理数。然而在适应性学习中，行博弈方对样本的频率作出反应，而频率只可能是有理数。这就意味着，当 $\varepsilon = 0$ 时，无论 s 有多么大，行博弈方都不会选择 b 作为对样本信息的一个最优反应。因此在有限样本的情况下，未受到扰动的过程具有**两个**常返类：一个具有扩张 $\{a, b\} \times \{A, C\}$，另一个则具有扩张 $\{(d, D)\}$。因此，定理 7.2 对于这种非一般性的双人博弈而言是不成立的。

定理 9.1　设 G 为一个双人纯协调博弈，并设 $P^{m, s, \varepsilon}$ 为适应性博弈。如果 s/m 充分小，则每一个随机稳定状态都是一个惯例；进一步地，如果 s 充分大，则每一个这样的惯例都是有效率的并且是近似最大最小的，也就是说，它的福利指数至少是 $(w^+ - \alpha)/(1+\alpha)$，其中：

$$\alpha = w^-(1+(w^+)^2)/(1+w^-)(w^+ + w^-) \qquad (A.19)$$

证明：设 G 为一个纯协调博弈，对角得益 $(a_j , b_j) > (0 , 0)$，$1 \leqslant j \leqslant K$，对角线以外的得益为 $(0 , 0)$。假定将得益标准化以后得到 $\max_j a_j = \max_j b_j = 1$。第 j 个协调均衡的福利指数定义为 $w_j = a_j \wedge b_j$，且 $w^+ = \max_j w_j$。我们还可以回忆一下：$a^- = \min\{a_j : b_j = 1\}$，$b^- = \min\{b_j : a_j = 1\}$，并且 $w^- = a^- \vee b^-$。

设 $P^{m, s, \varepsilon}$ 表示适应性学习，参数为 m、s 和 ε。定理 7.1 表明如果 s/m 充分小，则未受扰动的过程 $P^{m, s, 0}$ 的所有常返类就为对应于 K 个协调均衡的惯例 h_1，h_2，$\cdots$，h_k。从 (9.5) 式中我们知道对于每两个惯例 h_j 和 h_k，$h_j \rightarrow h_k$ 的转移阻力为：

$$r_{jk}^s = [sr_{jk}], \text{其中} \ r_{jk} = a_j/(a_j + a_k) \wedge b_j(b_j + b_k) \quad (A.20)$$

计算"化简后的阻力" r_{jk} 是很方便的，当 s 很大的时候，r_{jk} 多少总与实际的阻力成比例。

构造一个带有 K 个顶点的有向图，每一个顶点代表惯例 $\{h_1$，h_2，$\cdots$，$h_k\}$ 中的一个。设有向边 $h_j \rightarrow h_k$ 上的权重为化简后的阻力。假定 h_j 对于 s 的某个值是随机稳定的。依据定理 3.1，根据阻力 r_{jk}^s 计算出来的随机势能在 h_j 处获得极小值。如果 s 足够大，根据化简后的阻力 r_{jk} 计算得到的随机势能必然也会在 h_j 处获得极小值，即存在一个 j 树 T_j，满足 $r(T_j) \leqslant r(T)$ 对于所有的有根树 T 都成立。（通常而言，$r(T)$ 代表在集合 T 中的所有有向边的化简阻力的和。）我们需要证明这意味着：

$$w_j \geqslant (w^+ - \alpha)/(1 + \alpha)$$

显然，如果 $w_j = w^+$，这是成立的。因此我们可以假定 $w_j < w^+$，亦即 j 并不是一个最大最小均衡。（为简洁起见我们将用均衡的指数来代表均衡。）不失一般性，让我们假设均衡 1 是最大最小的（$w_1 = w^+$），$j \geqslant 2$，并且在均衡 j 中行博弈方要比列博弈方的处境更糟：$w_j = a_j \leqslant b_j$。

设 j' 为一个均衡，得益为 $a_{j'} = 1$ 和 $b_{j'} = b^-$。由于 $a_j < w^+ \leqslant 1$，所以 j 和 j' 必然是不同的。暂且假定 $j' \neq 1$。（在后面我们将会处理 $j' = 1$ 的情形，亦即 $b^- = w^+$。）不失一般性，设 $j' = 2$，因此 $a_2 = 1$ 且 $b_2 = b^-$。

固定一个阻力最小的 j 树 T_j。由于 $j \neq 1, 2$，所以在 T_j 中存在唯一一条边线 e_{1*} 从顶点 1 出发，唯一一条边线 e_{2*} 从顶点 2 出发（见图 A.6）。

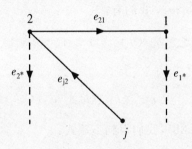

图 A.6　用实边线来代替虚边线从而形成一个 1 树

从 T_j 中删去 e_{1*} 和 e_{2*}，并加上从 j 到 2 的边线 e_{j2} 和从 2 到 1 的边线 e_{21}。这就产生了一个 1 树 T_1。（如果 e_{1*} 和 e_{2*} 指向相同的顶点，或者 e_{2*} 和 e_{21} 相同，这照样是成立的。）我们知道 $r(T_j) \leqslant r(T_1)$，所以：

$$r_{1*} + r_{2*} \leqslant r_{j2} + r_{21} \tag{A.21}$$

让我们来计算这一表达式中的 4 个化简后的阻力。根据（A.20）式，

$$r_{j2} = a_j/(a_j + a_2) \wedge b_j/(b_j + b_2) = a_j/(a_j + 1) \wedge b_j/(b_j + b^-)$$

由于根据假定 $w_j = a_j \leqslant b_j$，因此意味着

$$r_{j2} = w_j/(w_j + 1) \tag{A.22}$$

根据（A.20）式，从 1 出发到任何其他顶点的最小阻力为：

$$\min_k \{a_1/(a_1 + a_k) \wedge b_1/(b_1 + b_k)\}$$

由于 1 是最大最小均衡，我们有 $a_1, b_1 \geqslant w^+$。而且，$a_k, b_k \leqslant 1$，对于所有的 k 都成立。因此：

$$\min_k \{a_1/(a_1 + a_k) \wedge b_1/(b_1 + b_k)\} \geqslant w^+/(w^+ + 1)$$

这意味着：

$$r_{1*} \geqslant w^+/(w^+ + 1) \tag{A.23}$$

类似地,可以证明:

$$r_{2*} \geqslant b^- / (b^- + 1) \qquad (A.24)$$

最后,由于 a_1, $b_1 \geqslant w^+$,我们有:

$$r_{21} = a_2/(a_2 + a_1) \wedge b_2/(b_1 + b_2) \leqslant 1/(w^+ + 1) \wedge b^- /(w^+ + b^-)$$

特别地,

$$r_{21} \geqslant b^- / (b^- + w^+) \qquad (A.25)$$

综合式(A.22)—(A.25),我们得到不等式:

$$\frac{w^+}{w^+ + 1} + \frac{b^-}{b^- + 1} \leqslant \frac{w_j}{w_j + 1} + \frac{b^-}{b^- + w^+}$$

经过一些代数运算,我们就得到了一个等价的表达式:

$$w_j \geqslant (w^+ - \alpha(b^-))/(1 + \alpha(b^-))$$

其中 $\alpha(x) = [x(1 - (w^+)^2)]/[(1 + x)(w^+ + x)]$。很容易证明 $\alpha(x)$ 在定义域 $\{x : x^2 \leqslant w^+\}$ 上是递增的。特别地,$\alpha(b^-) \leqslant \alpha(w^-)$,这是因为 $b^- \leqslant w^- \leqslant w^+ \leqslant 1$,从而 $(b^-)^2$,$(w^-)^2 \leqslant w^+$。设 $\alpha = \alpha(w^-)$,因而我们得到:

$$w_j \geqslant (w^+ - \alpha)/(1 + \alpha)$$

这就是定理中所讲的不等式。

剩下来就是处理 $j' = 1$ 的情形,就是说,最大最小均衡具有得益 $(1, b^-)$ 并且 $w^+ = b^-$。对于树 T_j 作如下变换:删去边线 e_{1*},添上边线 e_{j1}。结果就是得到 1 树 T_1。现在有:

$$r_{j1} = a_j/(a_j + a_1) \wedge b_j/(b_j + b_1) = a_j/(a_j + 1) \wedge b_j/(b_j + b^-)$$

由于 $w_j = a_j \wedge b_j$ 并且 $a_j \leqslant b_j$,所以

$$r_{j1} = a_j/(a_j + 1) = w_j/(w_j + 1)$$

另一方面,(A.23)式意味着:

$$r_{1*} \geqslant w^+ / (w^+ + 1)$$

将这些条件综合起来,我们就得到:

$$r_{1*} \geqslant w^+ / (w^+ + 1) > w_j / (w_j + 1) = r_{j1}$$

这意味着 $r(T_1) > r(T_j)$,但是这就与假设对于所有的有根树 T 都有 $r(T_j) \leqslant r(T)$ 矛盾了。

现在我们来证明帕累托最优性。用反证法的思路,假设对于所有的有根树 T 都有 $r(T_j) \leqslant r(T)$,则存在一个均衡 $k \neq j$ 严格占优 j:

$$a_j < a_k \text{ 且 } b_j < b_k \tag{A.26}$$

设 T_j 为在所有有根树中具有最小化简阻力的 j 树。如果 T_j 包含一条从 k 到 j 的边线,就有反向的边线 e_{jk} 来替代它。根据(A.20)式和(A.26)式有 $r_{jk} < r_{kj}$,所以这就构造了一个 k 树,它的化简阻力小于 T_j 的阻力,这是一个矛盾。因此 e_{kj} 不可能是 T_j 中的边线。

现在考虑在 T_j 中的任何形如 e_{hj} 的边线,其中 $h \neq k$。(如果存在不止一个协调均衡,那么至少存在一条这样的边线。)用 e_{hk} 来替换 e_{hj},并且对于所有的指向 j 的边线都作类似的替换。根据前面的论述,在 T_j 中我们知道还有唯一的一条边线从 k 出发,比方说是 $e_{kk'}$,其中 $k' \neq j$。用边线 $e_{jk'}$ 来替换 $e_{kk'}$。这些替换就产生了一个 k 树。我们说它的化简阻力要严格小于 T_j。实际上,(A.20)式和(A.26)式意味着对于所有的 $h \neq j, k$ 和所有的 $k' \neq j, k$,有:

$$r_{hk} < r_{hj} \text{ 且 } r_{jk'} < r_{kk'}$$

因此,上述所有的替换就产生了一个具有严格更小的化简阻力的树。这个矛盾就证明了均衡 j 并不能被严格地帕累托占优,这就完成了对定理 9.1 的证明。

参考文献

Anderlini, Luc, and Antonella Ianni. 1996. "Path Dependence
and Learning from Neighbors," *Games and Economic Be-
havior* 13:141—77.

Anderson, Robert F., and Steven Orey. 1976. "Small Random
Perturbation of Dynamical Systems with Reflecting Bounda-
ry." *Nagoya Mathematics Journal* 60:189—216.

Arrow, Kenneth J. 1994. "Methodological Individualism and
Social Knowledge." *American Economic Review* 84:1—9.

Arthur, W.Brian. 1989. "Competing Technologies, Increasing
Returns, and Lock-In by Historical Events." *Economic
Journal* 99:116—31.

——. 1993. "On Designing Economic Agents That Behave Like
Human Agents." *Journal of Evolutionary Economics* 3:
1—22.

——. 1994. *Increasing Returns and Path Dependence in the
Economy.* Ann Arbor: University of Michigan Press.

Arthur, W.Brian, Yuri Ermoliev, and Yuri Kaniovski. 1987.
"Strong Laws for a Class of Path Dependent Stochastic
Processes with Applications." In *Proceedings of the Inter-
national Conference on Stochastic Optimization.* Vol. 81,
Lecture Notes in Control and Information Sciences, edited
by V. Arkin, A. Shiryayev, and R. Wets. New York:
Springer.

Aubin, Jean-Pierre, and A. Cellina. 1984. *Differential Inclusions*. Berlin: Springer. Axelrod, Robert. 1984. *The Evolution of Cooperation*. New York: Basic Books.

——. 1997. "The Dissemination of Culture: A Model with Local Convergence and Global Polarization." *Journal of Conflict Resolution* 41:203—26.

Bardhan, Pranab. 1984. *Land, Labor, and Rural Poverty: Essays in Development Economics*. New York: Columbia University Press.

Basu, Kaushik, and Jörgen Weibull. 1991. "Strategy Subsets Closed under Rational Behavior." *Economics Letters* 36:141—46.

Benaïm, Michel, and Morris W. Hirsch. 1996. "Learning Processes, Mixed Equilibria, and Dynamical Systems Arising from Repeated Games." Mimeo, University of California, Berkeley.

Bergin, James, and Barton L. Lipman. 1996. "Evolution with State-Dependent Mutations." *Econometrica* 64:943—56.

Bernheim, B. Douglas. 1984. "Rationalizable Strategic Behavior." *Econometrica* 52:1007—28.

Bicchieri, Christina, Richard Jeffrey, and Brian Skyrms(eds.). 1997. *The Dynamics of Norms*. New York: Cambridge University Press.

Binmore, Ken. 1991. "Do People Exploit Their Bargaining Power: An Experimental Study." *Games and Economic Behavior* 3:295—322.

——. 1994. *Game Theory and the Social Contract*. Vol. 1, *Playing Fair*. Cambridge: MIT Press.

Binmore, Ken, and Larry Samuelson. 1994. "An Economist's Perspective on the Evolution of Norms." *Journal of Institutional and Theoretical Economics* 150:45—63.

——. 1997. "Muddling Through: Noisy Equilibrium Selection." *Journal of Economic Theory* 74:235—65.

Binmore, Ken, J. Swierzsbinski, S. Hsu, and C. Proulx. 1993. "Focal Points and Bargaining." *International Journal of Game Theory* 22:381—409.

Björnerstedt, J., and Jörgen Weibull. 1996. "Nash Equilibrium and Evolution by Imitation." In *The Rational Foundations of Economic Behavior*, edited by K. Arrow et al. London: Macmillan.

Blume, Larry. 1993. "The Statistical Mechanics of Strategic Interaction." *Games and Economic Behavior* 4:387—424.

——. 1995a. "The Statistical Mechanics of Best-Response Strategy Revision."

Games and Economic Behavior 11：111—45.

——. 1995b. "How Noise Matters."Mimeo，Department of Economics，Cornell University.

Börgers，Tilman，and Rajiv Sarin. 1995. "Naive Reinforcement Learning with Endogenous Aspirations." Discussion Paper，University College，London.

——. 1997. "Learning through Reinforcement and Replicator Dynamics." *Journal of Economic Theory* 77：1—14.

Brock，William A.，and Steven N.Durlauf. 1995. "Discrete Choice with Social Interactions I：Theory." National Bureau of Economic Research Working Paper 5291，Cambridge，Mass.

Brown，G.W. 1951. "Iterative Solutions of Games by Fictitious Play." In *Activity Analysis of Production and Allocation*，edited by Tjalling Koopmans. New York：Wiley.

Bush，Robert，and Frederick Mosteller. 1955. *Stochastic Models for Learning*. New York：Wiley.

Camerer，Colin，and Teck-Hua Ho. 1997. "Experience-Weighted Attraction Learning in Games：A Unifying Approach." Working Paper SSW 1003，California Institute of Technology，Pasadena.

Canning，David. 1994. "Learning and Social Equilibrium in Large Populations." In *Learning and Rationality in Economics*，edited by Alan Kirman and Mark Salmon. Oxford：Blackwell.

Cheung，Yin-Wong，and Daniel Friedman. 1997. "Individual Learning in Normal Form Games." *Games and Economic Behavior* 19：46—76.

Crawford，Vincent C. 1991. "An Evolutionary Interpretation of Van Huyck，Battalio，and Beil's Experimental Results on Coordination." *Games and Economic Behavior* 3：25—59.

——. 1995. "Adaptive Dynamics in Coordination Games." *Econometrica* 63：103—44.

David，Paul A. 1985. "Clio and the Economics of QWERTY." *American Economic Review Papers and Proceedings* 75：332—37.

Deschamps，R. 1975. "An Algorithm of Game Theory Applied to the Duopoly Problem." *European Economic Review* 6：187—94.

Durlauf，Steven N. 1997. "Statistical Mechanical Approaches to Socioeconomic Behavior." In *The Economy as a Complex Evolving System*. Vol.2，edited by W.Brian Arthur，Steven N.Durlauf，and David Lane. Redwood City，

Calif.：Addison-Wesley.

Eggenberger, F., and G.Polya. 1923. "Über die Statistik verketteter Vorgänge." *Zeitschrift für Angewandte Mathematik und Mechanik* 3:279—89.

Ellison, Glenn. 1993. "Learning, Local Interaction, and Coordination." *Econometrica* 61:1047—71.

——. 1995. "Basins of Attraction and Long-Run Equilibria." Department of Economics, MIT.

Ellison, Glenn, and Drew Fudenberg. 1993. "Rules of Thumb for Social Learning." *Journal of Political Economy* 101:612—43.

——. 1995. "Word of Mouth Communication and Social Learning." *Quarterly Journal of Economics* 110:93—126.

Epstein, Joshua, and Robert Axtell. 1996. *Growing Artificial Societies: Social Science from the Bottom Up*. Cambridge: MIT Préss.

Feller, William. 1950. *An Introduction to Probability Theory and Its Applications*. New York: Wiley.

Foster, Dean P., and H.Peyton Young. 1990. "Stochastic Evolutionary Game Dynamics." *Theoretical Population Biology* 38:219—32.

——. 1997. "A Correction to the Paper, 'Stochastic Evolutionary Game Dynamics.'" *Theoretical Population Biology* 51:77—78.

——. 1998. "On the Nonconvergence of Fictitious Play in Coordination Games." *Games and Economic Behavior*, forthcoming.

Freidlin, Mark, and Alexander Wentzell. 1984. *Random Perturbations of Dynamical Systems*. Berlin: Springer-Verlag.

Friedman, Daniel. 1991. "Evolutionary Games in Economics." *Econometrica* 59:637—66.

Fudenberg, Drew, and Christopher Harris. 1992. "Evolutionary Dynamics with Aggregate Shocks." *Journal of Economic Theory* 57:420—41.

Fudenberg, Drew, and David Kreps. 1993. "Learning Mixed Equilibria." *Games and Economic Behavior* 5:320—67.

Fudenberg, Drew, and David Levine. 1993. "Steady State Learning and Nash Equilibrium." *Econometrica* 61:547—74.

Fudenberg, Drew, and David Levine 1998. *The Theory of Learning in Games*. Cambridge: MIT Press.

Gaunersdorfer, Andrea, and Josef Hofbauer. 1995. "Fictitious Play, Shapley Polygons, and the Replicator Equation." *Games and Economic Behavior*

11:279—303.

Giblin, James Cross. 1987. *From Hand to Mouth; Or, How We Invented Knives, Forks, Spoons, and Chopsticks & the Tables Manners to Go with Them*. New York; Crowell.

Glaeser, Edward L., Bruce Sacerdote, and José Scheinkman. 1996. "Crime and Social Interactions." *Quarterly Journal of Economics* 111:507—48.

Greif, Avner. 1993. "Contract Enforceability and Economic Institutions in Early Trade; The Maghribi Traders' Coalition." *American Economic Review* 83: 525—48.

Hamer, Mick. 1986. "Left Is Right on the Road; The History of Road Traffic Regulations." *New Scientist* 112, December 25.

Harsanyi, John, and Reinhard Selten. 1972. "A Generalized Nash Solution for Two-Person Bargaining Games with Incomplete Information." *Management Science* 18:80—106.

——. 1988. *A General Theory of Equilibrium Selection in Games*. Cambridge; MIT Press.

Hartman, Philip. 1982. *Ordinary Differential Equations*. Boston; Birkhaueser.

Hayek, von, Friedrich A. 1945. "The Use of Knowledge in Society." *American Economic Review* 35:519—30.

Hill, Bruce M., David Lane, and William Sudderth. 1980. "A Strong Law for Some Generalized Urn Processes." *Annals of Probability* 8:214—16.

Hirsch, Morris, and Steven Smale. 1974. *Differential Equations, Dynamical Systems, and Linear Algebra*. New York; Academic Press.

Hofbauer, Josef. 1995. "Stability for the Best Response Dynamics." Mimeo, University of Vienna.

Hofbauer, Josef, and Karl Sigmund. 1988. *The Theory of Evolution and Dynamical Systems*. Cambridge; Cambridge University Press.

Hofbauer, Josef, and Jörgen Weibull. 1996. "Evolutionary Selection against Dominated Strategies." *Journal of Economic Theory* 71:558—73.

Holland, John H. 1975. *Adaptation in Natural and Artificial Systems*. Ann Arbor; University of Michigan Press.

Hopper, R.H. 1982. "Left-Right; Why Driving Rules Differ." *Transportation Quarterly* 36:541—48.

Hurkens, Sjaak. 1995. "Learning by Forgetful Players." *Games and Economic Behavior* 11:304—29.

Jackson, Matthew, and Ehud Kalai. 1997. "Social Learning in Recurring Games." *Games and Economic Behavior* 21:102—34.

Jordan, James. 1993. "Three Problems in Learning Mixed Strategy Nash Equilibria." *Games and Economic Behavior* 5:368—86.

Kandori, Michihiro, George Mailath, and Rafael Rob. 1993. "Learning, Mutation, and Long-Run Equilibria in Games." *Econometrica* 61:29—56.

Kandori, Michihiro, and Rafael Rob. 1995. "Evolution of Equilibria in the Long Run: A General Theory and Applications." *Journal of Economic Theory* 65:29—56.

Kaniovski, Yuri, and H. Peyton Young. 1995. "Learning Dynamics in Games with Stochastic Perturbations." *Games and Economic Behavior* 11:330—63.

Karlin, Samuel, and H. M. Taylor. 1975. *A First Course in Stochastic Processes*. New York: Academic Press.

Karni, Edi, and David Schmeidler. 1990. "Fixed Preferences and Changing Tastes." *American Economic Association Papers and Proceedings* 80: 262—67.

Katz, Michael, and Carl Shapiro. 1985. "Network Externalities, Competition, and Compatibility." *American Economic Review* 75:424—40.

Kemeny, John G., and J. Laurie Snell. 1960. *Finite Markov Chains*. Princeton: Van Nostrand.

Kirman, Alan. 1993. "Ants, Rationality, and Recruitment." *Quarterly Journal of Economics* 93:137—56.

Krishna, Vijay. 1992. "Learning in Games with Strategic Complementarities." Mimeo, Harvard Business School.

Lay, Maxwell G. 1992. *Ways of the World*. New Brunswick, N.J.: Rutgers University Press.

Lewis, David. 1969. *Convention: A Philosophical Study*. Cambridge: Harvard University Press.

Liggett, Thomas M. 1985. *Interacting Particle Systems*. New York: Springer-Verlag.

Mailath, George, Larry Samuelson, and Avner Shaked. 1994. "Evolution and Endogenous Interactions." Mimeo, Department of Economics, University of Pennsylvania, Philadelphia.

Marimon, Ramon, Ellen McGrattan, and Thomas J. Sargent. 1990. "Money as a Medium of Exchange in an Economy with Artificially Intelligent Agents."

Journal of Economic Dynamics and Control 14:329—73.

Matsui, A. 1992. "Best Response Dynamics and Socially Stable Strategies." *Journal of Economic Theory* 57:343—62.

Maynard Smith, John. 1982. *Evolution and the Theory of Games*. Cambridge: Cambridge University Press.

Maynard Smith, John, and G. R. Price. 1973. "The Logic of Animal Conflict." *Nature* 246:15—18.

Menger, Karl. 1871. *Grundsaetze der Volkswirtschaftslehre*. Vienna: W. Braumueller. English translation by James Dingwall and Bert F. Hoselitz, under the title *Principles of Economics*. Glencoe, Ill.: Free Press, 1950.

———. 1883. *Untersuchungen über die Methode der Sozialwissenshaften und der Politischen Oekonomie insbesondere*. Leipzig: Duncker and Humboldt. English translation by Francis J. Nock, under the title *Investigations into the Method of the Social Sciences with Special Reference to Economics*. New York: New York University Press, 1985.

Milgrom, Paul, and John Roberts. 1990. "Rationalizability, Learning and Equilibrium in Games with Strategic Complementarities." *Econometrica* 58:1255—77.

Miyasawa, K. 1961. "On the Convergence of the Learning Process in a 2×2 Non-Zero-Sum Two Person Game." Research Memorandum No. 33, Economic Research Program, Princeton University.

Monderer, Dov, and A. Sela. 1996. "A 2×2 Game without the Fictitious Play Property." *Games and Economic Behavior* 14:144—48.

Monderer, Dov, and Lloyd Shapley. 1996a. "Fictitious Play Property for Games with Identical Interests." *Journal of Economic Theory* 68:258—65.

———. 1996b. "Potential Games." *Games and Economic Behavior* 14:124—43.

Mookherjee, Dilip, and Barry Sopher. 1994. "Learning Behavior in an Experimental Matching Pennies Game." *Games and Economic Behavior* 7:62—91.

———. 1997. "Learning and Decision Costs in Experimental Constant Sum Games." *Games and Economic Behavior* 19:97—132.

Morris, Stephen. 1997. "Contagion." Mimeo, Department of Economics, University of Pennsylvania.

Myers, Robert J. 1973. "Bismark and the Retirement Age." *The Actuary*, April.

Myerson, Roger B., Gregory B. Pollack, and Jeroen M. Swinkels. 1990. "Viscous Population Equilibria." *Games and Economic Behavior* 3:101—9.

Nachbar, John. 1990. "'Evolutionary' Selection Dynamics in Games: Convergence and Limit Properties." *International Journal of Game Theory* 19: 59—89.

Nash, John. 1950. "The Bargaining Problem." *Econometrica* 18:155—62.

Nelson, Richard, and Sydney Winter. 1982. *An Evolutionary Theory of Economic Change*. Cambridge: Harvard University Press.

Nöldeke, Georg, and Larry Samuelson. 1993. "An Evolutionary Analysis of Backward and Forward Induction." *Games and Economic Behavior* 5: 425—54.

North, Douglass C. 1981. *Structure and Change in Economic History*. New York: Norton.

——.1990. *Institutions, Institutional Change, and Economic Performance*. New York: Cambridge University Press.

Nydegger, R. V., and Guillermo Owen. 1974. "Two-Person Bargaining: An Experimental Test of the Nash Axioms." *International Journal of Game Theory* 3:239—49.

Pearce, David. 1984. "Rationalizable Strategic Behavior and the Problem of Perfection." *Econometrica* 52:1029—50.

Rawls, John. 1971. *A Theory of Justice*. Cambridge: Harvard University Press.

Ritzberger, Klaus, and Klaus Vogelsberger. 1990. "The Nash Field." IAS Research Report No.263, Vienna.

Ritzberger, Klaus, and Jörgen Weibull. 1995. "Evolutionary Selection in Normal-Form Games." *Econometrica* 63:1371—99.

Robertson, A. F. 1987. *The Dynamics of Productive Relationships*. Cambridge: Cambridge University Press.

Robinson, Julia. 1951. "An Iterative Method of Solving a Game." *Annals of Mathematics* 54:296—301.

Robson, Arthur, and Fernando Vega-Redondo. 1996. "Efficient Equilibrium Selection in Evolutionary Games with Random Matching."*Journal of Economic Theory* 70:65—92.

Roth, Alvin E. 1985. "Toward a Focal Point Theory of Bargaining." In *Game-Theoretic Models of Bargaining*, edited by Alvin E. Roth. Cambridge: Cambridge University Press.

Roth, Alvin, and Ido Erev. 1995. "Learning in Extensive-Form Games: Experimental Data and Simple Dynamic Models in the Intermediate Term." *Games and Economic Behavior* 8:164—212.

Roth, Alvin E., and Michael Malouf. 1979. "Game-Theoretic Models and the Role of Information in Bargaining." *Psychological Review* 86:574—94.

Roth, Alvin E., Michael Malouf, and J. Keith Murnighan. 1981. "Sociological versus Strategic Factors in Bargaining." *Journal of Economic Behavior and Organization* 2:153—77.

Roth, Alvin E., and J. Keith Murnighan. 1982. "The Role of Information in Bargaining: An Experimental Study." *Econometrica* 50:1123—42.

Roth, Alvin, and Françoise Schoumaker. 1983. "Expectations and Reputations in Bargaining: An Experimental Study." *American Economic Review* 73:362—72.

Rousseau, Jean-Jacques. 1762. *Du contrat social, ou, principes du droit politique*. In J.-J. Rousseau, *Oeuvres complètes*, vol. 3. Dijon: Editions Gallimard, 1964.

Rubinstein, Ariel. 1982. "Perfect Equilibrium in a Bargaining Model." *Econometrica* 50:97—110.

Rumelhart, David, and James McClelland. 1986. *Parallel Distributed Processing: Explorations in the Microstructure of Cognition*. Cambridge: MIT Press.

Samuelson, Larry. 1988. "Evolutionary Foundations of Solution Concepts for Finite 2-Player, Normal-Form Games." In *Theoretical Aspects of Reasoning about Knowledge*, edited by M. Y. Vardi. Los Altos, Calif.: Morgan Kauffman.

——. 1991. "Limit Evolutionarily Stable Strategies in Two-Player, Normal Form Games." *Games and Economic Behavior* 3:110—28.

——. 1994. "Stochastic Stability in Games with Alternative Best Replies." *Journal of Economic Theory* 64:35—65.

——. 1997. *Evolutionary Games and Equilibrium Selection*. Cambridge: MIT Press.

Samuelson, Larry, and J. Zhang, 1992. "Evolutionary Stability in Asymmetric Games." *Journal of Economic Theory* 57, 363—91.

Sanchirico, Chris W. 1996. "A Probabilistic Model of Learning in Games." *Econometrica* 64:1375—94.

Savage, Leonard J. 1954. *The Foundations of Statistics*. New York: Wiley.

Schelling, Thomas C. 1960. *The Strategy of Conflict*. Cambridge: Harvard University Press.

——. 1971. "Dynamic Models of Segregation." *Journal of Mathematical Sociology* 1:143—86.

——. 1978. *Micromotives and Macrobehavior*. New York: Norton.

Schotter, Andrew. 1981. *The Economic Theory of Social Institutions*. New York: Cambridge University Press.

Scott, John T. Jr. 1993. "Farm Leasing in Illinois, A State Survey." Department of Agricultural and Consumer Economics, Publication AERR-4703. University of Illinois, Urbana.

Selten, Reinhard. 1980. "A Note on Evolutionarily Stable Strategies in Asymmetric Animal Conflicts." *Journal of Theoretical Biology* 84:93—101.

——. 1991. "Evolution, Learning, and Economic Behavior." *Games and Economic Behavior* 3:3—24.

Shapley, Lloyd S. 1964. "Some Topics in Two-Person Games." In *Advances in Game. Theory*, edited by Melvin Dresher, L. S. Shapley, and A. W. Tucker. Annals of Mathematics Studies No.52. Princeton: Princeton University Press.

Skyrms, Brian. 1996. *Evolution of the Social Contract*. New York: Cambridge University Press.

Stahl, Ingolf. 1972. *Bargaining Theory*. Stockholm: Stockholm School of Economics.

Sugden, Robert. 1986. *The Evolution of Rights, Cooperation, and Welfare*. New York: Basil Blackwell.

Suppes, Patrick, and Richard Atkinson. 1960. *Markov Learning Models for Multiperson Interactions*. Stanford: Stanford University Press.

Taylor, Paul, and L. Jonker. 1978. "Evolutionary Stable Strategies and Game Dynamics." *Mathematical Biosciences* 40:145—56.

Tesfatsion, Leigh. 1995. "A Trade Network Game with Endogenous Partner Selection." In *Computational Approaches to Economic Problems*, edited by H. M. Amman, B. Rustem, and A. B. Whinston. Amsterdam: Kluwer Academic Publishers.

Thorlund-Petersen, L. 1990. "Iterative Computation of Cournot Equilibrium." *Games and Economic Behavior* 2:61—95.

Ullman-Margalit, Edna. 1977. *The Emergence of Norms*. Oxford: Oxford University Press.

van Huyck, John B., Raymond C. Battalio, and R. O. Beil. 1990. "Tacit Coordination Games, Strategic Uncertainty, and Coordination Failure." *American Economic Review* 80:234—48.

——. 1991. "Strategic Uncertainty, Equilibrium Selection, and Coordination Failure in Average Opinion Games." *Quarterly Journal of Economics* 106: 885—911.

van Huyck, John B., Raymond C. Battalio, and Frederick W. Rankin. 1995. "Evidence on Learning in Coordination Games." Research Report No. 7, TAMU Economics Laboratory, Texas A&M University.

Vega-Redondo, Fernando. 1996. *Evolution, Games, and Economic Behavior*. New York: Oxford University Press.

von Neumann, John, and Oskar Morgenstern. 1944. *Theory of Games and Economic Behavior*. Princeton: Princeton University Press.

Weibull, Jörgen. 1995. *Evolutionary Game Theory*. Cambridge: MIT Press.

Winters, Donald. 1974. "Tenant Farming in Iowa: 1860—1900: A Study of the Terms of Rental Leases." *Agricultural History* 48:130—50.

Yaari, Menachem E., and Maya Bar-Hillel 1984. "On Dividing Justly." *Social Choice and Welfare* 1:1—24.

Young, H. Peyton. 1993a. "The Evolution of Conventions." *Econometrica* 61: 57—84.

——. 1993b. "An Evolutionary Model of Bargaining." *Journal of Economic Theory* 59:145—68.

——. 1995. "The Economics of Convention." *Journal of Economic Perspectives* 10:105—22.

Young, H. Peyton, and Dean P. Foster. 1991. "Cooperation in the Short and in the Long Run." *Games and Economic Behavior* 3:145—56.

图书在版编目(CIP)数据

个人策略与社会结构:制度的演化理论/(美)H.
培顿·扬著;王勇译.—上海:格致出版社:上海人
民出版社,2018.1
(当代经济学系列丛书/陈昕主编.当代经济学译库)
ISBN 978 - 7 - 5432 - 2824 - 5

Ⅰ.①个⋯ Ⅱ.①H⋯ ②王⋯ Ⅲ.①博弈论-高等学
校-教材 Ⅳ.①O225

中国版本图书馆 CIP 数据核字(2017)第 318841 号

责任编辑　郑竹青
装帧设计　王晓阳

个人策略与社会结构——制度的演化理论

[美]H.培顿·扬 著

王勇 译　韦森 审订

出　版	印　刷	苏州望电印刷有限公司
格致出版社·上海三联书店·上海人民出版社	开　本	710×1000　1/16
(200001　上海福建中路 193 号　www.ewen.co)	印　张	13.75
	插　页	3
编辑部热线　021-63914988 市场部热线　021-63914081 www.hibooks.cn	字　数	181,000
	版　次	2018 年 1 月第 1 版
发　行　上海世纪出版股份有限公司发行中心	印　次	2018 年 1 月第 1 次印刷

ISBN 978 - 7 - 5432 - 2824 - 5/F·1082　　　　　　　定价:48.00 元

上海市版权局著作权合同登记号：

图字 09-2015-682

当代经济学译库

贸易政策和市场结构/埃尔赫南·赫尔普曼　保罗·克鲁格曼著

社会选择理论基础/沃尔夫·盖特纳著

拍卖理论(第二版)/维佳·克里斯纳著

时间:均衡模型讲义/彼得·戴蒙德著

托克维尔的政治经济学/理查德·斯威德伯格著

资源基础理论:创建永续的竞争优势/杰伊·B.巴尼著

投资者与市场——组合选择、资产定价及投资建议/威廉·夏普著

自由社会中的市场和选择/罗伯特·J.巴罗著

从马克思到市场:社会主义对经济体制的求索/W.布鲁斯等著

基于实践的微观经济学/赫伯特·西蒙著

企业成长理论/伊迪丝·彭罗斯著

私有化的局限/魏伯乐等著

所有权、控制权与激励——代理经济学文选/陈郁编

财产、权力和公共选择/A.爱伦·斯密德著

经济利益与经济制度——公共政策的理论基础/丹尼尔·W.布罗姆利著

宏观经济学:非瓦尔拉斯分析方法导论/让帕斯卡·贝纳西著

一般均衡的策略基础:动态匹配与讨价还价博弈/道格拉斯·盖尔著

资产组合选择与资本市场的均值——方差分析/哈利·M.马科维兹著

金融理论中的货币/约翰·G.格利著

货币和金融机构理论(第1卷、第2卷)/马丁·舒贝克著

家族企业:组织、行为与中国经济/李新春等主编

资本结构理论研究译文集/卢俊编译

环境与自然资源管理的政策工具/托马斯·思德纳著

环境保护的公共政策/保罗·R.伯特尼等著

生物技术经济学/D.盖斯福德著